この国にとっての脱原発とは？

—日本そしてドイツ—

K・H・フォイヤヘアト
中野加都子 共著

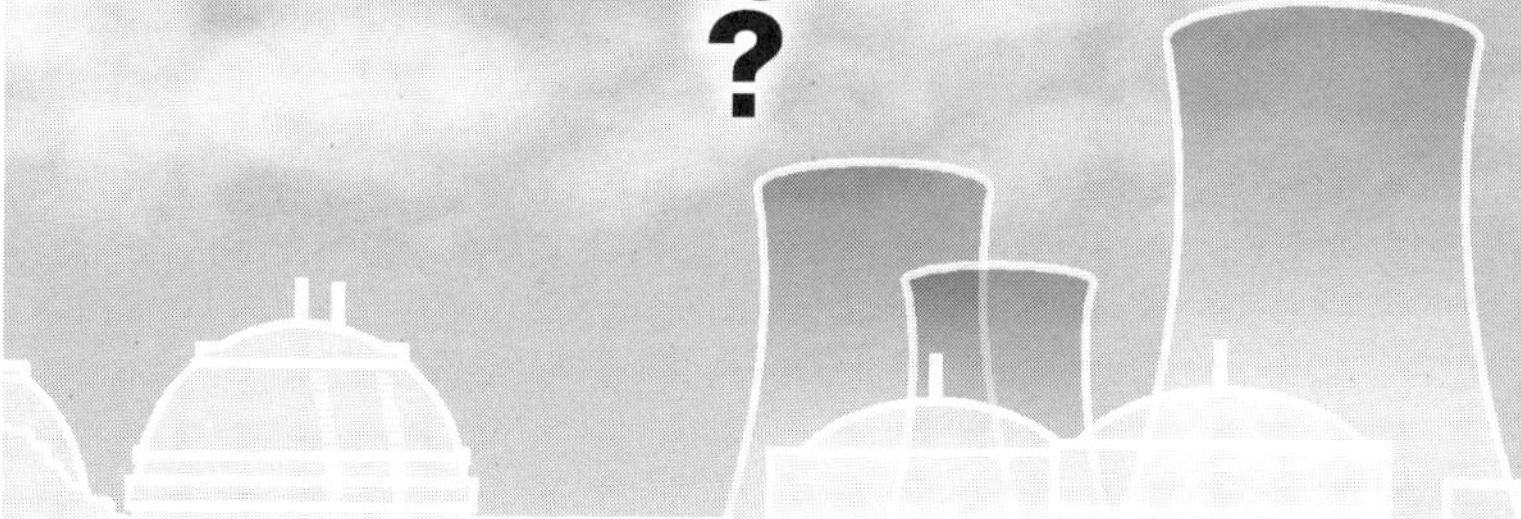

技報堂出版

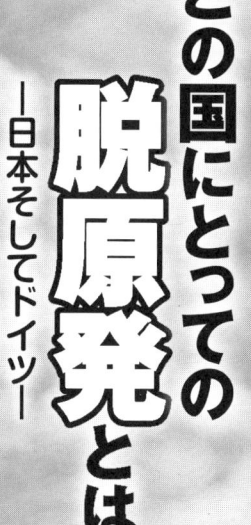

はじめに

何が重要なのかを考える

2012年1月、大寒波に見舞われたフランスでは、ドイツから電力を輸入することになってしまいました。「逆ではないか？」と思われる方もいらっしゃるかも知れません。

その背景の第一には、原発大国であるフランスでは、再生可能エネルギーを主流にしようとしているドイツより電力供給に余裕がある、と思い込んでいることです。「ドイツで再生可能エネルギーが足りなくなった時にはフランスから輸入できる」ということが大方の知識人の認識とも言えます。

第二には、一般的にはフランスよりもドイツの方が寒い、しかも人口もドイツの方が多いので、寒波に見舞われたとしても、電力不足で困るのはドイツの方ではないかということがあります。

しかし、実際に一時的ではあれ、電力不足に陥ったフランスはドイツから電力を輸入したのです。

理由は、フランスでは電力で暖房している(日本で言えば、いわゆる「オール電化」)家庭が多いため、慣れない急な寒さをしのぐために、予想を上回って一気に電力消費が増えてしまったからです。その結果、電力不足に陥ってしまったというわけです。

それに比べて、ドイツでは天然ガス、石油、コジェネレーションなど電力のみに依存していないため、急な電力需要の増加とはならなかったのです。

こうした状況を聞くと、「やっぱり再生可能エネルギーをうまく使っていくのが正しい」とか、「エネルギー源を多様化しておくべきだ」、あるいは「豊富な電力を生み出すイメージのある原発も供給上あてにならない」と思ってしまいがちです。

ここで、何が重要なのかをよく考えてほしいのです。

この冬のように、フランスで電力が足りなくなった時には「ドイツからフランスへ」、そして、ドイツで再生可能エネルギーが足りなくなった時には「フランスからドイツへ」電力を輸出できる、このことに注目してほしいのです。

そう、「足りない時に相互に融通し合える」、このことが重要なのです。

そして、「同様のことが日本では可能なのか？」、つまり、島国であり、他国との間で送電網や天然ガスの海底パイプラインが整備されていない日本ではどうなのか、このことを私たちは真剣に考えなければならないのです。

日本とドイツの持つ背景、条件の違い

日本では昨年（２０１１年）、東日本大震災、それに続く原子力発電所事故という二重の苦難に見舞われました。経験したことのない被災を前に、どう足を踏み出せばいいのかさえわからない、というのが日本の現状です。そして、未曾有の悲惨さを前に日本では「脱原発」が声高に叫ばれています。

この渦中に、ドイツ・メルケル政権が「原子力発電廃止」を決意したことは、日本にも強い影響を与えました。実際に、勇気ある決断のもと、新たなエネルギー政策を進めようとしているドイツの政策は、今後の最も有力な方策として受け取られています。

福島原子力発電所事故後に、日本でまず注目されたのがサマータイム制度でした。省エネルギー対策になると考えられたからです。そしてこれも、ドイツで導入されていることが潜在的に強い影響を与えています。ところが、EU(欧州連合)を構成する国々とともに、導入から約30年の経験を持つドイツでは、サマータイム制度による省エネルギー効果はほとんどない、ということが既に知られています。

では、なぜドイツではこの制度を廃止しないのでしょうか。

EU内におけるエネルギーの相互融通、そして時間制度の共有。それに加えて、現在国際的な問題となっている共通通貨であるユーロ。実は、これらには、ドイツを含むヨーロッパの国々独特の事情があります。

ヨーロッパでは第2次世界大戦直後、フランスとドイツの間で二度と戦争を繰り返さないことを目指して、資源を共同管理する欧州石炭鉄鋼共同体（ＥＣＳＣ）が設立されることになりました。これは当時のフランス外相ロベール・シューマンの提唱によるもので、戦争に不可欠な石炭と鉄鋼を共同管理することによって、戦争が起こることを防ごうと考えたわけです。１９５１年のパリ条約調印では、イタリアと、ベルギー、オランダ、ルクセンブルクのベネルクス３ヶ国も加わり、調印国間で石炭と鉄鋼の共同市場が創設されることになりました。

現在ヨーロッパ２７ヶ国で構成されるＥＵは、こうした経緯を経て築かれてきました。ＥＵはその後、欧州諸国の貿易・資本、および労働力移動の自由化を実現し、世界有数の経済圏を形成することになりました。

先に示したエネルギー供給に関する相互依存、サマータイム制度の維持に見られる時間制度の共有、ユーロという共通通貨の導入。こうした物流と金融の流れの効率化は、共同体として発展していくために不可欠な要素でもありました。

こうしたヨーロッパの国々の地政学的な条件、歴史的な経緯、政策的意図に全く目を向けないで、目先の問題解決のためにドイツ一国を取り上げて拠り所とすることはあまりにも安易。このことは本書において筆者らが最も強調したい主張です。

そして、日本では「原発推進か脱原発か」という二元論における後者の手本としてドイツの脱原発を取り上げています。しかし、ドイツの脱原発への決意はそれほど単純なものではありません。

共同体の中の一国としての役割や責任に配慮しながらも、国として独自の方向性を打ち出したドイツ。そこには、再生可能エネルギー関連産業によって世界最先端を目指すとともに、安全・安心を基本とした新しい価値観の創造、EUの維持への強い決意があります。

一方、ドイツはEU設立以来、最も深刻なユーロ危機という課題に直面しており、その舵とりによっては、世界経済を大混乱に落とし入れる可能性さえあります。

両国の抱えている問題は異なるものの、現在、日本では二重の苦難から立ち上がらなければならないのと同様、ドイツもまた、ユーロ危機という経験したことのない問題に立ち向かわなければなりません。

そして、見落としてはならないのが、ユーロ危機の根本が共同体という枠組みに端を発しているという点です。ひとつの国、共同体、グローバル、どのレベルで考えなければならないのか、そのことさえ認識することなく、日本人はドイツの選択を評価しています。

しかし、現在、私たちが抱えている深刻な問題に立ち向かうには、日本とドイツの抱えるあまりにも異なる背景や条件の違いをまず認識する必要があります。そのことを十分に認識したうえで、私たちは今後どうすべきなのかを考えるべきなのです。

本書の目的

本書は、こうした難題を抱えている時期に、ドイツ人と日本人の共著とすることにより、冷静に、そして幅広い視野から今後の方向を考える選択肢を提供することを目的としています。

特徴の一つは、日本人である中野がドイツ人であるフォイヤヘアトとの議論を通じて、ドイツ人から見たドイツの考え方、解釈、あるいは情報を日本の読者に理解できるように紹介していることです。必要な場合には、ヨーロッパの考え方に依存しない日本の独自性も強調しています。内容はできるだけ読みやすいように、一部で対話形式を取り入れています。

もう一つは、平常時と異常時では、環境政策や対策の方向性がどう変わってくるかを示している点です。本書は月刊誌『生活と環境』[(財)日本環境衛生センター」において筆者らが平成23年4月号から毎月連載してきた内容をまとめたものです。月々の原稿をまとめたのは発刊の2ヶ月ほど前ですので、この年の3月に起こった東日本大震災前に書いたものと、その後では全く違った内容となっています。

すなわち、連載をまとめることによって、偶然にも、平常時と異常時では環境対策および、歴史や価値観への見方がどう変わってくるのかを示すことになっているのです。

たとえば、平常時の省エネルギー対策としては、本書の第1章でも取り上げているように、「省エネランプへの転換」がテーマになっています。実際にこの時点では、このテーマは確かに重要でした。

しかし、東日本大震災をいう経験を経て、私たちは第3章で取り上げている「原子力発電をどうするのか」という大問題と格闘することになってしまったのです。

そういった意味では、第2章の「サマータイム制度」は、原子力発電所事故直後に取り上げられた緊急的なテーマと言えます。周知のとおり、ヨーロッパでサマータイム制度は1980年頃から、直接的には省エネルギーを目的に導入されました。日本でも東日本大震災以前から毎年のように導入への議論が繰り返されてきましたが、本格導入には到りませんでした。しかし、震災直後には、省エネルギーを実行するためにこの制度が緊急的に社会で注目され、導入する企業や役所が一気に増加しました。

この制度は、あるきっかけによって対策の位置づけがどう変化するのか、そしてその影響や効果はどうなのかを示す一つの事例であったと考えられます。

困難の中にある時には、より冷静な判断が求められます。

本書のタイトルの冒頭にある「この国」とは、ドイツ人であるフォイヤヘアトにとってはドイツ、日本人である中野にとっては日本ということになります。

当然、日本で起こった原子力発電所事故の原因は徹底的に究明されるべきです。また、今後ともその安全性については人類の課題として模索していかなければなりません。

そうしたことを踏まえたうえで、筆者らは、それぞれの国の立場から脱原発を考えるにあたって、より幅広い視野から考えてほしいと強く願うのです。

2012年3月

K・H・フォイヤヘアト
中野加都子

Comment for non-Japanese Readers

These lines of comment are written in a language that is different from the rest of this book, because this printed work might even be perused or simply glanced through by readers who are westerners.

Books have an intention. They are written to address an auditory that is willing to hear about the thoughts and ideas authors want to share with their readers.

This book is no exception and has been planned to focus on issues in connection with discussions about a so-called low-carbon society. As the last one in a series of already four books that have been published by my colleague Dr. Kazuko Nakano and me this book had to shift the original emphasis due to the disastrous Tohoku Earthquake followed by a devastating tsunami that destroyed the nuclear power plant of Tokyo Electric Power Company at Fukushima.

Because of these unforeseen circumstances the German government had been forced by latently and deeply existing reservations among German citizens about nuclear energy to decide in the second quarter of the year 2011 about the future of power generation in Germany. Although the previous government lead by Federal Chancellor Schröder had already decided on 14th June 2000 the denuclearization of power generation, the present government of Federal Chancellor Merkel had to revise existing plans of step by step reduction and to "pull the emergency brake". This decision of the leading industrial country in Europe has caused great astonishment worldwide and been reported many a time by Japanese media.

The quality and accuracy of media reporting depends on individual journalists and their capability to understand and interpret the course of events that happen in a society. Although German is the language in the European community that has the highest number of native speakers, the number of Japanese individuals that are proficient to understand news, official statements and ordinances, which are released in German language, without assistance of an interpreter has decreased remarkably during the last decades.

Therefore, during the more than ten years lasting research project in co-operation with Dr. Kazuko Nakano it was my task to provide my colleague with information that is only available in German, difficult to find and interpret correctly by Japanese. Information contained in this book follows the same approach. However, there is a subtle difference, which is the reason why I am writing these lines.

Recently, in a German local newspaper an article has been posted with the title "With the eyes of others". The article reports on an experiment performed by a professor at the University of Michigan in the US with people from different cultures. In the experiment a picture was used that shows a cow, a rooster that struts beside the cow, and a piece of rolled turf.

Now comes your turn. Select the one object that does not belong to the picture. Are you ready? — If you are European or American, you would probably have chosen the piece of rolled turf. Because the remaining objects are both animals, they belong together. However, a Chinese (and probably a Japanese, too) says no. The cow and the piece of turf belong together, because a cow eats grass, but a rooster does not. — People who are born and grown up in a western culture prefer to categorize subjects by their characteristics. However, persons who live in a culture of Eastern Asia prefer to arrange subjects by their functional relation. This important difference in perception must be kept in mind when reading this book.

The information that is provided in different chapters emphasizes developments and events that have occurred in Germany. The weight of similar information on Japan is remarkably lower. Since this book is written for native Japanese readers, this approach seems to cause no problem. Japanese readers know their daily newspapers, magazines, and television news.

Much emphasis has been put by my colleague on the explanation of the debate and critique about the decision of the German government to turn nuclear power plants off. For Japanese readers this decision seems difficult to be comprehend. For Germans it is not. — German newspapers just reported that the amount of power generation based on renewable energy already exceeds the amount of nuclear power generation. This news seems to support the appropriateness of the governmental decision.

If Germans could read this book, they would feel quite weird when trying to find the reason for the detailed explanation about the role of the "ethic commission". Germans don't overestimate the role of that commission and the impact it had on political decisions. Some people might even be willing to comment the activities with the disparaging remark "Punch and Judy show". The intensity the role of the ethic commission is explained in this book gives Germans the impression that Japanese citizens are accepting everything without contradiction what is released by a designated "authority", whatever that may be.

However, the perception by Germans is quite different. Since the fall of the Third Reich the education system in Germany has changed in a manner that anything that has a smell of "authority" is inspected critically and with reservation by German citizens. The recent scandal caused by the President of the Federal Republic of Germany, the highest representative of the country, that ended in his early resignation emphasizes the appropriateness of this resentment against any "authority".

This book contains a specific message, a message that is not expressed explicitly. Everybody who has read all chapters, especially the longest one, will understand the message. Even non-Japanese nationals will understand it as long as they are able to read Japanese.

Although I have become the co-author of this book, I have to stress the fact that the arrangement and specific Japanese interpretation of the content has been done by my colleague in order to get her message to be understood.

If the content of this book had been intended to be published in a European language, the arrangement of chapters and emphasis of issues would have to be done in a different manner, of course. Additional issues of concern would have to be addressed that are regarded as indispensable by westerners and are skipped in this edition, which speaks to Japanese citizens.

As co-author I would appreciate very much, if these constraints could be kept in mind when perusing this book.

Karl-Heinz Feuerherd

目　次

目　次

第1章

省エネランプをめぐって ドイツで起こった問題

―ドイツの省エネランプはLEDではない―

日本の電球や蛍光灯は急速にＬＥＤ照明に替わりつつあります。長寿命で省エネルギー。ＬＥＤの持つこういった特徴を生かせば二酸化炭素排出量を削減し、省資源にも役立てることができそうです。

２００８年の段階で、２０１０年には白熱電球の製造中止を表明したメーカーもありました。他の多くのメーカーも１２年には製造を中止する計画です。

日本で省エネランプと言えば、こうした「白熱電球、蛍光灯、または電球型蛍光灯からＬＥＤ照明へ」をイメージすることが当たり前になっています。

青色発光ダイオードで知られるようになったＬＥＤ技術は、「日本生まれ」です。そういう意味もあって、現在、私たちの日常生活には白色発光ダイオード（白色ＬＥＤ）はごく当たり前に登場しています。

環境先進国であるドイツでも「省エネランプ」への切り替えが急速に進んでいます。

２００８年に日本で開催された環境大臣会合、洞爺湖サミットでも、ドイツ・メルケル首相は、地球温暖化防止に立ち向かう重要な政策として省エネランプへの転換を強調していました。

ところが、日本とは少し違うのです。ドイツで「省エネランプ」への転換とは、一般的には「白熱電球から蛍光ランプへ」なのです。そして、ドイツでは蛍光ランプに取り替えることによる別の問題が既に指摘されはじめています。その問題とは何なのでしょう。

ここでは、まずノルトライン・ヴェストファーレン州の環境省と、ＢＡＭ（材料研究検査連邦施設）が中心となって発行したドイツのパンフレットの内容を紹介し、ドイツでどんなことが問題になっているかを紹介します。

そのことによって、同じことを目標とした「転換」でも、国によって適用する技術は同じとは限らないこと、その違いには、技術ばかりでなく、各国の自然条件、歴史的背景が影響を与えていることを考えほしいと思います。同時に、ドイツで省エネランプへの転換が引き起こしている問題は、環境に与える影響を包括的に捉える必要があることを示しているのです。

1 省エネランプに交換しましょう

ドイツでは２００５年に『エコデザインガイドライン』（２００５／３２／ＥＧ）が公布された。０８年の１２月にはそれに関連する法令が施行され、２００９年３月には具体的に実施することが予定されていた。

ここで紹介するパンフレット〔1〕は、こうした方針に沿って２００７年にノルトライン・ヴェストファーレン州の環境省から出されたものである。

内容は従来の白熱電球を省エネランプに交換することを推奨するものである。対象となる白熱電球はＥ２７とＥ１４の２種類である（２種類はネジ部分の違いによる）。冷蔵庫内、オーブン内の電球、赤外線ランプは対象外である。

パンフレットの内容は、以下のとおりである。

○省エネランプは環境にも良い、貴方の懐《ふところ》にも良い

省エネランプの販売は伸びていない。なじみのある白熱電球と比べ値段が高いこともあり、省エネランプに交換しているのは消費者の15%ぐらいである。このパンフレットは、皆さんに省エネランプに交換することをお勧めするものである。

○環境に良い

照明による各家庭からの二酸化炭素排出量は165キログラム/年にも達している。したがって、低炭素社会へ移行する簡単な方法は白熱電球を効率の良い省エネランプに交換することである。

伝統的な白熱電球のエネルギー効率は非常に低く、5%程度である。その理由は、大部分のエネルギーが熱として放出されてしまうからである。それに比べて気体放電という現象に基づく省エネランプのエネルギー効率は25%である。

このような新技術を取り入れることにより、消費者はその明るさを保ちながら80%のエネルギーを節約することができる。これは二酸化炭素排出量で言うと、132キログラム/世帯の節約に相当する。

○　懐にやさしい

省エネランプは購入する時の値段は高くなるが、寿命を考えると白熱電球の約5倍お得である。**表１・１**に示すように、たとえば明るさで言うと、5ワットの省エネランプは25ワットの白熱電球に相当する。

省エネランプの寿命は白熱電球の約6倍であるので、寿命を含めて考えると、省エネランプの方が懐にやさしいということになる。

白熱電球を省エネランプに交換すると、長持ちするということも含め、経済的には50ユーロ以上得になる。計算例は**表１・２**のようになる。

省エネランプは様々な形と光で販売されている。従来型の白熱電球の光に相当する省エネランプもある。この光のスペクトルのランプは屋外で使うことを勧める。

他の青白い光のスペクトルを出しているランプは、蛾を寄せつける力を持っているので、多くの虫またはレッドリストに掲載されている蝶も殺してしまう可能性がある。ですから暖かい光のランプを使うことにしよう。

表 1.1　同じ明るさを基準にした場合の使用電力の比較

省エネランプ（ワット）	白熱電球（ワット）
5	25
7/9	40
11	60
15	75
20	100
23	120

○ハロゲンランプはどうですか？

省エネランプと比べハロゲンランプは、エネルギー使用量と効率の点で劣っている。寿命は、省エネランプが長いのに比べ、ハロゲンランプは２０００時間ぐらいしかない。これは白熱電球の2倍程度である。つまり、省エネランプはハロゲンランプと比べてもエネルギーコストの点で有益と言える。

また、低圧ハロゲンランプでは２４ボルトまたは１２ボルトの電圧が必要である。したがって、家庭用の電圧である２３０ボルトを変圧器で変換する必要がある。そのことにより電圧の損失が生じることになる。たとえば、いくつかの部屋でハロゲンランプを使用すると、損失として１００キロワットアワーとなる。

ハロゲンランプを使っていない時でも変圧器は稼動し無駄な熱を発生する。適切なガラスカバーをつけない場合は結膜炎になる可能性もある。

表 1.2 省エネランプと白熱電球の比較

	11 ワット（省エネランプ）	60 ワット（白熱電球）
寿　　命	6,000 時間	1,000 時間
価格/個	7 ユーロ（約 700 円）	1 ユーロ（約 100 円）
価格/寿命（6,000 時間）	7 ユーロ（約 700 円）	6 ユーロ（約 600 円）
使用段階の電力コスト	11.88 ユーロ（11 ワット×6,000 時間×0.18 ユーロ/キロワットアワー）	64.80 ユーロ（60 ワット×6,000 時間×0.18 ユーロ/キロワットアワー）
計	18.88 ユーロ	70.80 ユーロ

○　いらなくなった省エネランプは一般ごみに出さないで

普通の白熱電球と異なり、いらなくなった省エネランプには水銀が入っているので、使用済み家電製品と同じように分別・収集し、リサイクルすることが必要である。

残念ながら現段階では多くの使用済みランプが一般ごみとして捨てられている。２００６年では約１億１千万個の白熱電球のうち、約４千万個が適切に処理されていない。

大手事業所の場合、使用済みランプのほとんどが適切に処理されている。中規模事業所の場合は約１／３である。また、一般家庭と小規模事業所では１／１０でしかないのが現状である。

しかし、現状のままでは環境負荷が高く、また、多くの資源が失われてしまう。たとえば、ガラス、水銀、鉛のようなものは再資源化が可能である。

省エネランプを回収センターに持っていくのが面倒だからと、新しい技術（省エネランプのこと）を導入しないということはやめよう。省エネランプを持っていない貴方は、従来の白熱電球を処分すべきである。

2 光の合図を出しなさい！

ＢＡＭ（材料研究検査連邦施設）が中心となって発行したパンフレットのタイトルは、「光の合図を出しなさい！」である。

パンフレット［2］の内容は、以下のとおりである。

○白熱電球よ　さようなら

白熱電球を省エネランプに交換すると、照明器具に使われている電力消費を７５％削減できる。なぜなら、白熱電球はエネルギーを浪費するからである。電力の９５％は熱として逃げてしまう。そのため、ＥＵ指令では、非効率的なランプを２０１２年までに段階的に販売しないようにする計画になっている。

また、ランプは品質（たとえば、寿命）に関してある目標を達成する必要がある。新しい法令では単に何を販売すべきかを義務づけるしかない。つまり、既に使用中の白熱電球を交換する必要はないということになる。

しかし、**表１・３**に示すように効率のより良いランプを導入した方が懐と気候（地球環境のこと）に良いということになる。

○　脱出計画

半透明の白熱電球は２００９年１月からエネルギー効率クラスＡでなければならない。この目標に達しているものは、現在、省エネランプと名づけられている蛍光ランプとＬＥＤランプしかない。特別な場合、例外もある。

●透明ランプの段階的脱出プラン　環境を対象とした手本となる例として、「省エネランプ」と名づけられた小型照明器具は、白熱電球に比べて様々な環境面で優れている。電力の使用量は７５％少ないため、二酸化炭素排出量も著しく少なくなる。

しかし残念ながら、小型蛍光ランプでは水銀の使用をやめることはできないという面もある。とは言っても、発電を行う場合も（石炭か

表 1.3　照明の交換による節約効果（白熱電球を小型蛍光ランプに）

電球の種類	ルーメン	白熱電球（ワット）	小型蛍光ランプ（ワット）	電気代の節約（ユーロ）
E14	180～290	25	5～7	40
E27	550～710	60	11～16	98

＊E14 と E27 は電球ソケットの直径を表す。

ら）水銀が発生する。したがって、より少ない電力の使用は、発電によるより少ない環境負荷を意味する（水銀の含有という問題はあるが、白熱電球から蛍光ランプへの交換によって省エネルギーが進めば、発電による水銀も少なくなるという意味）。

結果は貴方次第である。購入する際には水銀含有量に注意し、不用になったら回収センターまで。

●購入時の注意　すべてのランプが同じでない。特徴や品質には大きな違いがある。以下は購入時の注意点である。

・貴方が考えている利用分野に応じて、どのような特徴が必要かを改めて確認する。
・必要な情報は、販売店にある製品のパッケージや消費者団体のテスト情報に掲載されている。
・要注意事項は、すべての生産者や販売店がすべての種類の製品を取り扱っているとは限らないこと。
・利用分野として、屋内用か屋外用かを確認する。
・形と大きさについては、ランプが直接見えるか見えないかに注意する。
・寿命で最も良いものは1万時間以上である。
・色温度（color temperature）については、昼白色（2700ケルビンで白熱電球に相当）、ニュートラルホワイト（５０００ケルビン未満）、作業用の陽光色（５０００ケルビン以上）がある。

・スイッチを入れても、ランプが明るくなるのに時間がかかるものがある。オン、オフを頻繁に繰り返す場合には注意する。

・明るさを調整することが可能かどうかにも注意する。蛍光ランプ、ＬＥＤでは可能なものもある。

●明るさを表しているのはルーメン（光束の単位）　電球のワット数は、どれぐらい光が発生するのかを表してはいない。お気に入りのランプを探す時は「ルーメン」という数値に注意。たとえば、６０ワットの白熱電球の場合、ルーメンの数値は５５０〜７１０である。

●賢い買い物をする時の選択肢　販売店では、伝統的な白熱電球と交換できる様々な照明器具がある。白熱電球を小型蛍光ランプかハロゲンランプに交換する場合、形、色、明るさを必要に合わせて選ぶことができる。

６０ワットの白熱電球の代替品として、ＬＥＤランプも開発されている。

●懐にやさしい　新しい照明器具には、**表１・４〜１・６**に示す経済的な節約効果もある。な

表 1.4 照明の交換による節約効果（白熱電球を白熱電球型の高圧ハロゲンランプに）

電球の種類	ルーメン	白熱電球（ワット）	高圧ハロゲンランプ（ワット）	電気代の節約（ユーロ）
E14	180〜290	25	18	14
E27	550〜710	60	42	36

表 1.5 照明の交換による節約効果（白熱電球を LED ランプに）

電球の種類	ルーメン	白熱電球（ワット）	LED ランプ（ワット）	電気代の節約（ユーロ）
E27	410〜500	40	8	64

表 1.6 照明の交換による節約効果（従来型の棒型ハロゲンランプを高効率の棒型ハロゲンランプに）

電球の種類	ルーメン	従来型の棒型ハロゲンランプ（ワット）	高効率の棒型ハロゲンランプ（ワット）	電気代の節約（ユーロ）
R7s	2,500	150	120	60

＊ R7s はソケットの種類。

お、表に示した比較は、すべて寿命を1万時間、電気代を20ユーロセント/キロワットアワーで計算している。

※なお、ドイツにおいて従来の白熱電球の販売を中止する計画は**表1・7**のようになっている。

表 1.7　従来の白熱電球の販売を中止する計画

	エネルギー効率の区分(F または G)	従来の白熱電球とハロゲンランプのエネルギー効率(D または E)			
		100 ワット以上	75 ワット以上	60 ワット以上	60 ワット未満
現　在					
2009 年 9 月 1 日～					
2010 年 9 月 1 日～					
2011 年 9 月 1 日～					
2012 年 9 月 1 日～					

＊1　(F または G)、(D または E)は、エネルギー効率性を表す区分である(EU 法令 92/75/EWG に基づく相対的な尺度。A が「超省エネルギー型」、G が「超エネルギー浪費型」)。

＊2　表中で網掛け部分が販売中止になるという意味である。

3 省エネランプへの転換の経緯

これまでに説明したように、ドイツでは一般的に白熱電球が用いられているので、「省エネ照明への転換」とは主として白熱電球から蛍光ランプへの転換となることを紹介した。

次に、そうした転換期に起こっているドイツ国内での議論を紹介する。このことによって、日常生活を支えている製品の違いにより、環境に与える影響として起こる問題も違うことを示す。

特に、後半は過激な内容となっているが、ドイツ、あるいはドイツ語圏では、こうした刺激ある情報を求めている人たちがいることも事実である。

◯ 転換の必要性と注意

ドイツ環境支援団体が発行している報告書[3]によると、省エネランプへの転換の必要性は既に約20年前から指摘されていた。

省エネランプは文字どおり、エネルギーを節約しながらより多くの照明効果を発揮する。そのため、電力とともに電気代も節約できる。エネルギー効率は、白熱電球の約5倍までで、エネルギー面で言えば約2割しか必要としない。伝統的な白熱電球は電力の5％分程度しか明かりに変換されていない。残りは熱として環境中に排出されるので、15ワットの省エネランプは、明るさで言うと75ワットの白熱電球の明るさに相当する。

計算してみると、2006年にドイツの25％の家庭で照明器具を省エネランプに転換していれば、年間で約8・5テラワットの電力の節約ができたはずである。

この電力は従来型の火力発電所2基分に相当する。大人2人が住む家庭では、このようにして電力を220キロワットアワー/年節約でき、それに伴って二酸化炭素排出量は約132キログラム/年だけ削減できる。

効率の良い省エネランプの寿命は平均的に従来型の白熱電球の5倍程度である。平均寿命は約

6年である。省エネランプへの転換はエネルギーの節約効果だけでなく、地球温暖化対策および経済的な節約効果もある。（寿命が長いことから）ごみ排出量を減らすこともできる。

しかし、必ずしなければならないことがある。それは、「不用になった省エネランプと蛍光ランプは家庭のごみ回収箱に入れないで！」ということである。

省エネランプ（蛍光ランプとＬＥＤ照明器具）は、分別回収する必要がある。蛍光ランプには水銀が入っている。新型の蛍光ランプの場合は、２ミリグラム／個の水銀が含有されている。古いタイプのものでは、４～８ミリグラム／個程度である。

分別回収すれば、毒性の高い金属は適切なリサイクル施設で回収し、再資源化することができる。既に２００６年３月２４日に発行されたＥＧ法令（電機電子製品法）ではそのことが書かれている。蛍光ランプをリサイクルする会社もミュンヘン市に設立された。

大型利用者（大手事業所など）では、不用になったランプ３千個以上を分別回収している。自治体によっては個人の分別回収に応じているところもある。しかし、回収率はまだ低い状況にある。

○　白熱電球とハロゲンランプの処理

同報告書では、水銀の入っている照明器具との違いとして、白熱電球とハロゲンランプの処理方法について以下のように説明している。

使用済みの白熱電球とハロゲンランプは再資源化されていない。それらに入っている資源については回収する必要性がないからである。それらが不用となった場合は、掃除機に吸い込んだほこり入りのパックや使用済みのおむつなどとともに残渣ごみとして出すことになる。理由は、白熱電球の場合、細いタングステン線が他のリサイクルするガラスに混じると、再生ガラスの品質が低下するからである。

ハロゲンランプにはハロゲンガスが入っているが、量が少ないので回収する必要はない。

4 省エネランプへの１０の偏見

一方、報告書では省エネランプへの転換に消費者がそれほど積極的ではない理由として、ここでは以下の１０の偏見を取り上げ、それらが現在の技術から見ると間違いであることを指摘している。

【偏見　その１】　頻繁にオン、オフを繰り返すことによって長持ちしなくなる！　現在の品質の良いランプでは、この偏見は間違っている。アダプタ型とプレヒート型（前もって熱するもの）では、オン、オフの繰返しは問題にならない。したがって、何回オン、オフを繰り返しても１万時間以上の寿命がある。またはそれ以上に最適化されたランプ（階段室用）もあり、オン、オフを６０万回以上繰り返しても大丈夫である。

【偏見　その２】　スイッチを入れた時に特に高い電流が流れる！　スイッチを入れた時の電気抵抗は確かに低い。前もって暖めてから明るさを出すことになるので、スイッチを入れてから０．１～０・９秒間の電流によって一時的に５０ワットの電力が消費される。省エネランプはもともとそれほど電力を消費しないように設計されているので、特に高い電流が流れるわけではない。

【偏見　その３】　光は冷たくて真っ白！　昔はかなり冷たい光の省エネランプがあった。しかし、現在ではほとんどのタイプは暖かくて白いものである。特に暖かくて白いというものもある。色温度は包装に書かれている。

【偏見　その４】　値段が高い！　確かに購入する時点では高くなるが、寿命が長い点から考えると全体として安いということになる。

【偏見 その5】 **光がチラチラする！**　現在のアダプタ型の省エネランプの場合、周波数は4万ヘルツである。人間の目では60ヘルツまでの周波数を認識できるが、4万ヘルツ以上は感じない。

【偏見 その6】 **明るさが調整できない！**　現在のものは、既に明るさを調整できる。調整可能なものは、それがわかるように印がついている。調整可能なもの以外は、調整可能な照明器具に接続することができない。

複数の電球（筆者注：日本と同じように、たとえば豆電球と2本の蛍光灯との組合せ）によって3段階に明るさを調整できる照明器具もある。

【偏見 その7】 **毒性が高い！**　様々な情報はあるが、放射性物質は入っていない。微量の水銀が入っているが、体温計に使われている水銀と比べると含有量はほんのわずかである。壊れない限り出てくることはない。省エネランプは少量のエネルギーしか使わないので、包括的に見れば、かえって水銀放出量は少ないということになる。普通の石炭火力発電所では微量の水銀が煙突から排出されているので、省エネルギーである分だけ発電に伴って排出される水銀量を少なくすることができる。

また、科学技術の進展によって、これからはもっと水銀使用量を少なくできる。万一、ランプが壊れた時には、取りあえず掃除機で水銀を吸い取り、部屋の風通しを良くする。

特に気になる方は、壊れにくい設計になっている照明器具を使うことを勧める。

【偏見　その８】　デザインが良くない！　以前の省エネランプは、一目で省エネランプであることがわかった。しかし、現在では既に様々なデザインのものが発売されている。むしろ白熱電球との区別が難しいぐらいである。

【偏見　その９】　使用段階では省エネでも、製造やリサイクル段階で省エネではない！　省エネランプのエコバランス報告書によれば、環境負荷の９０～９５％は使用段階で発生しているので、製造やリサイクル段階に消費されるエネルギーはあまり影響を及ぼさない。著しく長い寿命によって、省エネランプ１個の製造は、白熱電球６～１２個の製造を不用とし、かつ、ごみの発生量も少なくしている。

最近のＥＵエコデザイン法令に基づいて計算した結果によると、１１ワットの省エネランプの製造とリサイクルによって96グラムの二酸化炭素を発生する。この値は節約した電力である490キロワットアワー（二酸化炭素は295キログラムに当たる）に比べて1万時間の寿命から考えてもほんのわずかな値と言える。

【偏見　その10】　強力な電磁波を発する！　省エネランプとの距離を少なくとも1・5メートル以上とった方がよい、またはとらなければならないという意見がある。しかし、この勧めは旧式ブラウン管のパソコン画面の規格に基づくものである。省エネランプにこの規格をそのまま適応することはできない。

スイスの連邦健康庁の調査によれば、人間の健康に関して被害を及ぼす低周波型の磁場はとても弱くて、白熱電球並みだと言える。近い将来、電磁波を最低限にした省エネランプも発売される予定である。

5 電気スモッグ（電磁波）から市民を守る

「市民の波」というNPOからは「電気スモッグ（電磁波）から市民を守る」[4]というパンフレットが配布されている。このNPOは主としてドイツ、オーストリア、スイス、つまりドイツ語圏を範囲として活動している。内容は以下のとおりである。

○ はじめに

政治家は白熱電球廃止を決めた。省エネのために、私たちはこれから省エネルギー蛍光ランプ（省エネランプ）を使用せざるを得なくなる。しかし、残念ながら、省エネランプの寿命全体を見た場合、省エネ効果は産業界および行政が発表している理論的な計算結果ほど大きくはない。

しかも、省エネランプにはいくつかの深刻なデメリットもある。省エネランプから発生する光以外のものは、すぐに人間の健康と能力に影響を与えるため、短期間または長期間にわたる健康被害を与える可能性もある。

◯ ご存じですか

――各国で公表されている間違った情報、いわゆる「省エネランプの電磁波は普通の家電製品並み」という情報はスイス連邦健康庁から発行されたパンフレットに掲載されていたものである。この情報は照明器具を製造・販売する産業界が測定したデータに基づくものであり、全く適切とは言えない。

このスイス連邦健康庁から発行されたパンフレットで主張していることは、省エネランプがTCOの基準値を守っているということである。

※筆者注：TCOはスウェーデン語の組織名称。ホワイトカラーの労働者と、ストライキ権のない国家公務員以外の公務員を対象とした労働組合である。パソコンが使われている職場の労働環境の適合性を人間工学の見地から求めるものであり、ここで定められた規格に適合する製品にはTCOラベルが貼られる。

しかし、省エネランプをTCO規格が求めている測定方法で計算した場合、基準値を数倍上回っている。スイス連邦健康庁から公表されている調査結果は、産業界の支援に応えて出した結果と言える。

――睡眠に関する研究で知られるベルリンチャリティ大学病院の院長は、省エネランプについて次のように警告している。省エネランプのスペクトルに入っている青い色の割合は人体に覚醒剤のような働きをする。この青い色の割合は、メラトニンという睡眠ホルモンの働きを妨げ、その影響が長く続くことから人間の体内時計に変調を来すということである。この影響によって腫瘍による病気、心筋梗塞、うつ病などなどに影響を与えることがあるということである。

― 放電に基づく照明器具に入っている比較的高い青い色の割合によって、ある遺伝子を持つ高齢者が盲目になる可能性が増加することがある。

― イギリスの皮膚科学会はイギリス政府を対象として、省エネランプを推奨することに異議を唱えている。ある患者の健康状態が悪くなったからである。皮膚病を患っている人の場合は、「白熱灯禁止法」が施行されてから後も、イギリス政府に例外的に白熱灯を使った方が良いことを求めている。

― ある報告書によると、蛍光ランプ（省エネランプはその一部）は暗い所で視力が低下する病気の発生率を高くする。

6 あるシックハウス症候群研究者の意見

ルール地方を拠点に活躍するシックハウス症候群の研究者であるマエス氏は省エネランプに関する著書、報告書を発行し、講演や携帯電話を通じて情報提供も行っている。マエス氏によると、2004年にハム(Hamm)市の上級地方裁判所が明らかにした内容から次のことを指摘している[5]。

電磁波と自然界からの放射線による悪影響は、学問的に見るとまだ明確なものではなく、議論が行われている段階であるということは、それらは無害とは言えないということである。

また、マエス氏は大規模なNPOであるBUNDがマインツ市で開催したシンポジウム(2010年5月13日)において、省エネランプ16個、白熱電球1個、ハロゲンランプ1個を対象とした調査結果を発表している。

その内容は、白熱電球と比較した省エネランプの唯一のメリットはエネルギー消費量が少ないことであるが、このメリットは産業界、流通業界、メディア、広告会社、環境保護グループ、政治家によって一部分のみ取り上げられている程度のものだということである。

それに比べて、目立つデメリットとして以下のことをあげている。これらに関して、同氏は自らの意見を裏づけるための様々な測定結果も公表している。

・いくつかの周波数帯により、パソコン画面と比べて光のスペクトルに整数倍の波長を持つ光の割合が高いことになる。つまり、複数の周波数が混じっていることから、電気スモッグが発生し、それが悪影響を与える。
・光がチラチラする。
・合成的な光のスペクトルになっている。
・光が冷たい。光の色も好ましくない。光に入っている青い色と紫外線の割合が高い。
・使用空間で悪臭が発生する。
・寿命は表示より短く、オン、オフによってさらに短くなる。テストに用いた省エネランプでは白熱電球よりも早くだめになったものもある。
・製造に手間がかかる。白熱電球と比べると１０倍ほどコストがかかる。
・成分毒性が高い。様々な重金属、化学物質、プラスチック、接着剤、蛍光剤、電子部品、コンデンサ、配線ボードなどなど。
・水銀が２~５ミリグラム/個使われているが、ドイツ全国で考えると数百キログラムになる。

特別管理廃棄物として処理する必要があるが、ほとんどがそのまま捨てられている。

・省エネランプ効果はほとんどの場合、表示より低い。

・通常の明るさになるまでの時間は数秒に及ぶ。

・電気スモッグは照明器具のみでなく、電気コードからも発生する。「ダーティーパワー」という現象は、古くなったスイッチの接点で電気抵抗が高くなって漏電を起こすものであるが、そういうことも起こり得る。普通のラジオ放送への周波数に悪影響を与えることもある。特に長波放送に対して悪影響を与える。

※筆者注：日本での中波放送（AM放送）、超短波放送（FM放送）の他、ヨーロッパではAM・FM放送以外に安定した表面波のため1000キロメートル範囲まで国境を超える長波放送が行われている。

・超音波が発生する。

・エコバランスの調査結果は疑わしい。

・価格が高い。

7 水銀1ミリグラムで5300リットルの飲料水が使えなくなる

ある経済雑誌に掲載された記事（２０１０年）［6］によると、省エネランプに含有される水銀量が微量であるという理由で、あまりにも毒性が過小に評価されていることに対して警告を発している。

記事の内容は以下のとおりである。

水銀は毒性が高くて人間と動物の神経に悪影響を与える。たとえば、ドイツの地方都市エーバースベルク（Ebersberg）市で起こった事例を紹介する。

ある家庭の寝室で省エネランプが落下して壊れた。その夜、４ヶ月の赤ちゃんが呼吸困難となり病院に運ばれた。４才の長男は１日後、身体全体の皮膚がかぶれ、数日後には部分的に、そして数日後には完全に頭髪がなくなった。

病院の医者は水銀による中毒だと診断した。ミュンヘン大学の医学部教授の発言では、水銀の入っている照明器具が壊れた際には、残留物を絶対に掃除機で吸いこまないで、住宅全体で少なくとも15分間は風を通すようにする必要があるということである。水銀で最も危険なことは、脳の神経システムに影響を与えることである。残留物の影響を最も受けやすいのは子供である。

エコテストでは次のようにアドバイスしている。省エネランプが壊れた時には風通しに注意し、気をつけながら残留物を集めて処理する。処理は安全手袋をはめてから行う。掃除機では絶対に吸い込まないこと。残留物は特別なごみとして扱うこと。また、水銀が入った省エネランプを購入する際にはシリコン被膜のあるものを選ぶと壊れにくい。

8 基礎知識としての水銀

これまでに紹介したように、日常生活で極端な転換を迫られた時には、必ずと言ってもいいほどこういった騒動が起こる。もしも、現在、ドイツで騒がれているほど蛍光ランプが危険なものであるなら、蛍光灯が一般的に普及している日本では生活できないということになるので、こうした情報は少し過敏すぎるかも知れない。

ドイツの大学で化学を専攻した筆者（フォイヤヘアト）は、大学1年の段階ですべての元素についての基礎知識を身につけていた。当時、ドイツでは化学実験の方法、化学物質の取扱いなどについて、化学を勉強する学生は教えられなくても自分で学んで修得しているのが常識だった。ガラス製の実験器具ぐらいは自分で工夫してつくっていた。

現在も手元にある当時の入門書[7]を見ると、水銀については以下のように書かれている。

①　水に溶けやすい水銀化合物は毒性が高い。実験器具、試験管は上手に注意しながら扱うこと。水銀の蒸気は深刻な健康被害を起こしかねない。特に長時間吸い込んだ時に深刻な影響をもたらす。

　したがって、絶対に水銀の液滴は散らばらないように注意すること。液滴が散らばった場合には隙間に入らないように注意すること。注意していても散らばった際には、必ず部屋の風通しをよくすること。

②　水銀は周期表におけるアルカリ金属と、アルカリ土金属、銅、銀、鉛、亜鉛とで簡単に合金をつくる。水銀の入った金属または塩化物を流しに出すと鉛を含有する配管に被害を与え、穴をあける可能性がある。したがって、水銀または水銀化合物が残った場合はすべて実験室にある回収容器に入れること。

③　水銀は水や油と違って、小さくなって隙間に入りやすい。隙間に入った水銀は取りにくいの

で、それを集める際には、L字状に曲げてつくったガラス(水銀回収ピペット)の細い管の先を水銀に当てがって、その穴に水銀が自然に逃げ込むようにして集めること。

こうした知識からは、水銀含有製品が日常生活にいきなり登場したドイツにおいて、水銀に神経質になるのは理解できる。

特に使用済みの省エネランプについては、適正に処理することをもっと真剣に考えておく必要がある。同時に、「省エネルギー」という観点のみから省エネランプのメリットが強調されていることにも疑問が残るのである。

引用・参考文献

[1]　Energiesparlampen - Gut fuer die Umwelt, gut fuer den Geldbeutel,LANUV-Info 3, Landesamt fuer Natur, Umwelt und Verbraucher-schutz Nordrhein-Westfahlen, Recklinghausen (2007)

[2]　Setze Lichtzeichen! Energiesparlampen nutzen und richtig entsorgen,BAM Bundesanstalt fuer Materialforschung und -pruefung (2009)

[3]　Deutsche Umwelthilfe: "Energiesparlampen — Wertvoll fuer den Kli-maschutz – zu wertvoll fuer den Muell", Informationsblatt 10032–070, ISSN0930–1623.

[4]　Buergerwelle: „Risiko Energiesparlampe", Dachverband der Buerger und Initiativen zum Schutz vor Elektrosmog e.V., Tirschenreuth, April 2010

[5]　W. Maes, H. Merkel: „Hinters Licht gefuehrt: Energiesparlampen", Sympo-sium des BUND, Mainz, Mai 2010

[6]　W. Maes: „Die dunklen Seiten der Energiesparlampen", Aktualisierte Zusammenfassung mehrerer Veroeffentlichungen der Jahre 2007 – 2010, http://www. maes.de/5%20ENERGIESPARLAMPEN/maes.de%20EN-ERGIESPARLAMPE%20DIE%20DUNKLEN%20SEITEN.PDF としてまとめられた論文集に掲載されていた内容であり、この原文は„Ein einziges Mil-ligramm Quecksilber reicht, um 5300 Liter Trinkwasser zu verseuchen", Reihe „Aus der Fassung", Wirtschaftsmagazin »Brand Eins«, Heft 7, Juli 2009

[7]　Biltz-Klemm-Fischer: „Experimentelle Einfuehrung in die Anorganische Chemie", de Gruyter, Berlin 1969

第2章

サマータイム制度の効果

日本では、東日本大震災によって引き起こされた福島第一原子力発電所事故の影響により、各地の原子力発電所の点検が長期化、あるいは運転停止となりました。この結果、被災地以外でも電力不足が懸念されるにようになっています。

いつ停電が起こるがわからないという経験したことのない不安の中、突然、エネルギーの使い方を見直さなければならない事態に直面することになったのです。従来型蛍光灯の高効率蛍光灯やＬＥＤ照明への転換、間引き照明、使用していないエリア(会議室、廊下など)や昼休み時間の消灯の徹底、フィルターの定期的な清掃に到るまで、家庭やオフィスなどでも徹底的な対策がとられることになりました。

電力会社各社も、電力の需給予測や需給状態を掲載する「でんき予報」をウェブサイトで表示するようになりました。

そして、社会全体の活動のあり方を見直すために急に注目を浴びるようになったのが「サマータイム制度」です。昼間が長くなる夏場、朝早い時間から明るくなることを利用して、その時間を有効活用するために時計の針を進める、つまり、人間活動を前倒しすることによって主に照明用、エアコンの電力を節約するのが一般的な狙いでした。

ピーク時の電力消費量の削減もこの制度導入の目的の一つでした。さらに、働き方を変更することによって、家族との過ごし方などに本質的な変化をもたらし、私たちが経済発展の中で見過ごしがちだった心の豊かさを取り戻すきっかけとすることも期待されました。ヨーロッパでは、既に１９８０年頃からこの制度が導入されています。

震災以前にも、働き方の変更、地球温暖化問題に対する手段として、日本でもこの制度導入をめぐる議論は繰り返し行われてきました。先行して「サマータイム制度」を取り入れているヨーロッパは、日本にとって手本ともなっています。

ところが、ドイツでは、既にこの制度導入による省エネルギー効果がほとんどないことがわかっているそうです。

では、なぜ、この制度が維持されているのでしょうか。

本章では、まず、ドイツにおけるサマータイム制度導入の経緯と、期待されたほどの省エネルギー効果はないにもかかわらず、なぜ制度を廃止しないかについて説明します。

そして、日本におけるこの制度導入に向けての経緯を述べた後で、日本におけるサマータイム制度の意味を別の角度から考えてみます。

1 「サマータイム制度」と「サマータイム勤務制度」の違い

ヨーロッパなどで実施されている時計の針を進める「サマータイム制度」は、夏の一定期間、時計の針を人為的に1〜2時間程度進めるものである。

日本で「サマータイム制度」、または「サマータイム制」と言う場合、たとえば、地域限定、あるいは、企業や公的機関などが個別の判断で1〜2時間程度、始業時間を早めることを指している場合もある。こういった対策は、ヨーロッパなどで実施されている「サマータイム制度」と違って、単なる夏期間中の始業時間の変更（繰上げ）、いわば「サマータイム勤務制度」とも言える。

時計の針を動かす「サマータイム制度」の場合、時間の流れそのものを年に2回、人為的に断絶させることになる。そのため、人間の脳の「時間の認識」にも影響を与えることになる。それに比べて「始業時間の変更（繰上げ）」は時間の流れは断絶させないで、単に人間の行動パターンを変えるものである。

つまり、「サマータイム制度」は人間が時間をコントロールする、「サマータイム勤務制度」は人間が人間の行動をコントロールする、という本質的な違いがある。

いずれにしても、日中の明るい時間を有効に活用するために実施されるものの、日本ではこの違いが認識されずに議論が進められている。そして、この認識が欠けているために、その及ぼす影響の重要性が見逃されている。

本章では、主として欧米など中高緯度の国で導入されている夏期間だけ標準時間よりも時計の針を1~2時間進める「サマータイム制度」に焦点を当てる。そのことを通じて、ドイツでこの制度を維持している主な理由を説明する。その後で、日本で震災後に導入された「サマータイム勤務制度」との違いについて考えてみたい。

2 ドイツにおけるサマータイム制度導入の経緯

ヨーロッパでサマータイム制度が本格的に決められたのはフランスで、1975年9月の法令75—866号により、標準時間を1時間変化させる原則が確立された。

これは１９７３年の第一次オイルショックの際に行われた省エネルギーに関する調査によるところが大きい。日没が1時間延びることによって人工照明のエネルギーが節約できると考えられたからである。その後、ドイツ、オーストリア、スイスなど、ヨーロッパ各国でも導入されることになった。

１９８０年には国家間の時間制度の違いが最も影響する運輸と通信分野を活性化させる目的で、「夏の開始と終了」の日時を統一する最初のヨーロッパ指令が出された。その後、１９９６年には3月と１０月の最終日曜日を時刻変更日とする英国案が受け入れられ、全欧州連合領土内で初めて夏時間変更日が完全に一致されることになった。

以下に、この頃の状況を１９７９年１０月２５日のドイツの国会における「１９８０年からのサマータイム制度について」に関する政府への質問と回答に関する資料［1］から再現する。

なお、ドイツが（再）統一されたのは１９９０年であるため、当時はまだ、ドイツ連邦共和国（西ドイツ）、ドイツ民主共和国（東ドイツ）である。

質問①　連邦政府は隣国の行動に合わせて、１９８０年にサマータイム制度を導入する（肯定的な）用意はできているのか?

回答：７８年6月２２日の表明に関する資料に書かれているように、７８年の段階では取りあえず導入しないことを決めた。しかし、それ以来、他の国ではサマータイム制度を導入することを決めた。たとえば、79年にはチェコ共和国、80年にはハンガリーが導入することを発表した。さらに、東ドイツも80年に導入する計画を発表した。オーストリア、デンマークは、いずれも西ドイツ、東ドイツが導入するなら同様に対処することを計画している。

質問② 連邦政府は早速、東ドイツに連絡して両国が80年にサマータイム制度を導入することについて交渉する準備ができているのか？

回答：連邦政府は、この件に関して既に東ドイツの担当当局と連絡を取っている。東ドイツ政府は、連邦政府に80年にサマータイム制度を導入することを知らせたこともある。

質問③ 連邦政府は、もしもドイツ連邦共和国がサマータイム制度を導入した場合、オーストリアとスイスの政府が同じことを実施するつもりであることを知っているのか？

回答：スイスでは、78年5月28日の国民投票によって、現在の段階ではサマータイム制度を導入する法律の基盤ができていない。しかし、非公式な連絡によると、再度法律に関する新しいイニシアティブを実施することを考えている。オーストリアについては質問①に対する回答参照。

質問④　西ヨーロッパと南ヨーロッパの政府は自国でのエネルギー節約に関する経験を発表したことがある。それによって、かなりエネルギーを節約できることがわかった。そのことを連邦政府は知っているのか?

回答：連邦政府に届いている情報によれば、外国での電力の節約効果は1%以下である。たとえば、フランスの場合は0・5%程度と考えられている。しかしながら、経線によって日照時間は異なる。たとえば、南ヨーロッパの場合、夏季の日照時間は北欧と比べると著しく短い。また、東から西の方向を見た場合、日の出の時刻と日の入りの時刻にかなり差がある。それらは人工照明の必要性にかなり影響を与える。したがって、他国の節電効果の経験をドイツに当てはめるには限界がある。

質問⑤　連邦政府は、1980年にドイツにおいてサマータイム制度を導入することによってエネルギーを節約する可能性をどのように考えているか?

回答：サマータイム制度の導入は、照明に使われているエネルギー使用量に影響を与える。エネルギー産業界の研究所(ミュンヘンにある)からの調査報告(1974年)によれば、電力の使用量の3・1%は日照に依存する。報告書の結論では、サマータイム制度を5月から8月まで導入した場合、電力使用量の0・15%は節約できると考えている。その削減量は約15万トンの石炭に相当する。

また、もしも6月から9月までサマータイム制度を導入した場合、削減量は0・12％になる。その量は2万トンの石炭に相当する。

したがって、直接的な削減量はほんのわずかと見られるが、ある意味で国民に合図（省エネへの信号効果）のきっかけになる。

質問⑥ 連邦政府はEU加盟国とともにサマータイム制度を導入しなかったことについて、どのようなデメリットがあったのか検討したことがあるのか？

回答：連邦政府はEU加盟国とメリット、デメリットについて検討したことがある。特に隣国との関係におけるデメリットとしては、国境に近い地域、または国境を越える交通に関するものがある。たとえば隣国との国境で電車は1時間待たなければならないことである。

質問⑦ 連邦政府は東ドイツ政府と検討した結果、唯一の国としてサマータイム制度を導入しない理由はあるのか？

回答：連邦政府は80年にサマータイムを導入することを決めた。東ドイツも導入することを決めたので、同時に連邦政府（西ドイツ）も導入することを決めた。

質問⑧　東ドイツと同時に西ドイツも導入するによって、両国が協力すると解釈できるか？
回答：東ドイツは、西ヨーロッパと中央ヨーロッパとの時間的な同調に関与している。したがって、この地域間でのコミュニケーションもとりやすくなる。

3 制度導入25年から見たサマータイム制度

２００５年には制度導入から２５年を経たことになる。この年に「サマータイム制度導入による影響」について、議員と連邦政府との間で取り交わされた質疑応答に関する議事録（２００５年１１月５日付け）［2］の概要を以下に紹介する。

ドイツでは１９８０年にサマータイム制度が本格的に導入された。当時はそれによって省エネルギー効果があり、そのことは地球環境にも良い影響があるという考え方があった。しかしながら、省エネルギーという観点からは制度導入は無意味であることが、２００５年３

月24日に発売された経済雑誌『Wirtschaftswoche』の記事に書かれている。この中には、環境庁の専門家でさえ省エネルギー効果は期待できないと述べている文章がある。

ここで紹介する質疑応答は、こういったことを背景に行われた議論の内容である。なお、EU議会のサマータイムに関する法令によれば、サマータイム期間は、3月最後の日曜日から10月最後の日曜日までとなっている。

質問① サマータイム制度導入による影響について、報告書としてはどんなものが調べられているのか、また、結論はどのようなものとなっているのか?

回答：EU議会の法令によって、サマータイム制度導入による影響をEU加盟国で調査することが決められた。当時のEU議会は独立したコンサルタント会社に依頼してこの問題の調査に当たった。連邦政府はその報告書を把握している。その報告書の結果から、サマータイム制度を2002年以降継続的に導入すること、かつ、加盟各国の3月と10月の最後の日曜日を実施期間とすることが書かれている。

さらに、連邦政府は、ミュンヘン工科大学の報告書「エネルギー消費量に関するサマータイム制度の影響をミクロとマクロのレベルで行った分析」(1983年)という報告書も参考にしている。この報告書によれば、サマータイム制度によるエネルギー使用量への影響は無視できる程度である。

質問②　連邦政府が認識している限りで、サマータイム制度の導入は期待はずれで、エネルギー節約に貢献しないということは正しいか？

回答：エネルギー使用量に関しては、サマータイム制度導入によるメリットはない。環境庁の調査によると、既に１０年前にサマータイム制度導入によるエネルギー節約効果は発生しないことがわかっている。

報告書によると、効率の良い照明器具によるエネルギー節約効果は、かえってサマータイム期間最初の月と最後の月に必要な暖房に要するエネルギー消費量の増加によって帳消しになり、かえって増加している。それ以外に新しい情報は持っていない。

これについては、質問①と質問⑪の項を参照。

質問③　連邦政府はサマータイム制度の導入によってエネルギー消費量が増加することを認識しているか？

回答：質問②の項を参照。

質問④ 省エネルギー効果がサマータイム制度を支える理由でないことは正しいか？
回答：質問②の項を参照。
質問⑤ 環境庁の調査報告書以外でも、ＥＵ議会もサマータイム制度導入によって省エネルギー効果がないということは正しいか。
回答：質問①の項を参照。
質問⑥ この結果を鑑みて、連邦政府は環境政策に関してどのような結論になるのか？
回答：環境面ではドイツでサマータイム制度を存続させる理由はない。
質問⑦ 連邦政府には行政面でサマータイム制度の導入によって問題（例えば、出生証明書、誕生の時刻、他の公的資料など）が発生したという情報があるか。あるなら、連邦政府はどんな結論に達したか？
回答：問題はない。
質問⑧ 連邦政府はサマータイム制度の導入によって交通への影響に関する問題（時刻表に書か

れている時刻に対する遅刻、鉄道などの乗り継ぎの問題、交通事故など）が発生しているという情報があるか。あるとすれば対策は何か？

回答：ありません。

質問⑨　連邦政府はサマータイム制度の導入によって健康（生体のリズムの調整）への影響に関する情報があるか？

回答：まれに、特にサマータイムの初めの時期に健康への影響に対する国民からの苦情、たとえば睡眠不足になる、不眠、うつなどに関するものがある。現在、把握していることは、人間の生体のリズムを時間に合わせる必要があることである。調整の問題はサマータイム開始および終了の１～２週間程度を過ぎればなくなる。

質問⑩　連邦政府はサマータイム制度の導入によって発生する国民経済への影響をどれぐらいと考えているか？

回答：それに関する情報はない。

質問⑪　連邦政府の考えでは、サマータイム制度を維持する肯定的かつ否定的な理由はどういうことであるのか。また結論はどのようなものか?

回答：サマータイム制度は、夏期間中の日照をより効率的に利用するために、ドイツでは1980年に導入された。隣国(フランス、東ドイツ、オーストリア、スイス)の動向を見ながら導入した。

当時、主にヨーロッパでサマータイムに関する調整が行われた際に、ドイツは自国が孤立しないことを目指すという理由があった。サマータイムの開始と終了期間について、ヨーロッパ各国と歩調を合わせて導入し、貿易をしやすくしておく必要があったからだ。サマータイム制度の導入を支える理由そのものは、現在まで変わりはない。

各分野でのグローバル化を考えれば、今後ともヨーロッパは同じ時刻の方針を持ち続けるべきである。

質問⑫ 連邦政府は、これまでと同じようにサマータイム制度を実施すること、あるいはEUレベルでサマータイム制度を廃止することについて、どう考えているのか?

回答：EU地域間の貿易を円滑に進めるためには、各国でのサマータイムの開始日および終了日を決める必要がある。したがって、連邦政府は他の加盟国がサマータイム制度を廃止する意図を示さない限り、制度は続けて実施する。

以上のような議論によれば、ドイツではサマータイム制度による省エネルギー効果はない、と認めているとも言える。しかし、ＥＵの中核国であり、地理的にヨーロッパの中心とも言えるドイツで、単独行動をとることもまた無意味なのである。

質問⑪に対する回答である、「サマータイムの開始と終了期間についてヨーロッパ各国と歩調を合わせて導入し、貿易をしやすくしておく必要」とは、具体的にどういう意味なのだろうか。

例を示して説明する。

たとえば、ＥＵ加盟国の北部、バルト海に面するエストニアのような国からポーランド、ドイツを経由して南部のイタリアに製品を陸送することを考える。

時間制度の異なる国が混在すると、時間合わせのためにそれぞれの国境で１～数時間待たなければならない。それに取扱い最終時刻、あるいは取扱い開始時刻の差が加わると、留め置かれる時間の合計で、出発地から到達地までにトータルとして半日以上の遅れに達するおそれもあることになる。

4 日本のサマータイム制度導入をめぐるこれまでの経緯

日本では第二次世界大戦後1948年にGHQ指令により「夏時間法」が制定され、1948〜51年までの4年間、サマータイム制度が導入されたことがある。しかし、これが占領軍からの押しつけであるというイメージが強かったことや、労働時間増加の原因になったと考えられ、廃止に至ったと言われている。

その後、1979〜80年、89年にも省エネルギーを目的として制度導入が検討された。しかし、結果的に見送られている。

地球温暖化問題が国際政治の課題としても取り上げられるようになり、低炭素社会の実現を目標とするようになってから、再びこの制度が注目を浴びるようになった。

1998年9月には、COP3における温室効果ガス6%削減への合意を受けて決定された「地球温暖化対策推進大綱」に基づき「地球環境と夏時間を考える国民会議」が設置され、翌年その報告書がまとめられた[3]。

２００２年には新たな「地球温暖化対策推進大綱」の中で、サマータイム制度に関する国民的議論の展開について言及され、（財）社会経済生産性本部では「生活構造改革フォーラム」を発足させることになった。

本フォーラムからも「生活構造改革をめざすサマータイム」調査結果が詳しく公表されている[4]。金属労協も２００３年３月にサマータイム研究会を設置し、詳しい報告書を公表している[5]。

その他、多くの調査や実験が行われている。大規模な試みとしては、札幌商工会議所が牽引役となって北海道で夏季に「サマータイム」が実施された[6]。２００４年度から３ヶ年導入実験されたもので、北海道が日本標準時を定めた明石より経度で約６度東に位置し、なおかつ、わが国の中で最も高緯度に位置することから、夏季における日中時間が札幌で東京や大阪などに比べ約１時間長い。また、日本全体の中で最も四季の際立った自然環境を有しているという地域特性がある。北海道の「サマータイム」はこれらの特性を生かすために実施されたものである。

この試みのメリットとしては、新たな需要創出や北海道のＰＲ効果が考えられた。ただし、この試みは時計の針を早めるヨーロッパなどで実施されている「サマータイム制度」ではなく、ビジネスの始業時間を毎年４月第１日曜日から９月の最終日曜日までの約６ヶ月間、日本標準時より１時間～２時間早めるものである。滋賀県庁でも「サマータイム勤務」実験が実施された（２００３年）。

政治分野でも1995年に参議院サマータイム制度研究議員連盟が設立された。2005年には超党派で制度導入を目指す「サマータイム制度推進議員連盟」(会長・平沼赳夫元経済産業相)が「サマータイム法案」の成立を目指す決議をした。

制度導入の効果として最も期待されてきたのは省エネルギー効果である。また、それによって、地球にやさしいライフスタイルが実現できると考えられた。

東日本大震災直後に導入が検討されたのは、むしろ、被災した福島第一、第二原子力発電所の休止などに伴う電力供給能力の低下に対応するためである。

ここで、サマータイム制度によってどのような変化がありうるのかについて、再びドイツの経験を紹介する。

◯ ドイツのサマータイム制度導入による影響

既に述べたように、ドイツでは1980年に、全欧州連合領土内で夏時間変更日を完全に一致させた本格的なサマータイム制度が導入された。

これに関連して、1982年には80~81年の期間のサマータイム制度導入の経験から「連邦政府による報告書」[7]が発表されている。概要は以下のとおりである。

●サマータイム制度導入による時計の調整が健康に及ぼす影響について

制度導入によるデメリットについて議論した時に、開始と終了の際に体の調整に悪影響が予想されるとの批判があった。しかし、今までの経験ではそのことは証明できない。

人間の体の調整能力に関しては、夜間労働する人の場合、個人的な調整能力の特徴がある。影響が現れるかどうかの予測について、他の調査によれば性別による差はなかった。しかし、年齢と期間に関しては悪影響が現れることは確かである。若い人は、より柔軟な調整能力がある。また、都会と田舎に住む人との差はなかった。

どういう現象があったかについては、疲れ（睡眠不足）、集中力の低下、うつなどであり、体の調子の問題は、就寝時間と関係している。

問題の一つは、夜の明るさがより長くなるので、就寝時間が遅くなることである。アンケート調査結果によると、国民の1／3は就寝時間が、より遅くなったと答えている。

深刻な健康への悪影響は発表されていないが、ドイツ人労働者の場合、午後4時30分～5時ぐらいで仕事を終わり、帰宅時間は5時30分～6時ぐらいになる。夕食にはそれほど時間を要しないので7時30分ぐらいには終わる。その時間にはまだ明るいので、散歩、スポーツを楽しむ。

（日本のようなジムというよりは）ドイツには、砲丸投げや短距離競走などの陸上競技用のスポーツクラブやオリンピック競技に近いスポーツを楽しむ陸上グラウンドがある。OBサッカーチームや地域の趣味としてのサッカー活動もある。スポーツ用の室内ホールもある。

夕食後の様々な活動、散歩、水泳、ボートなどFeierabend(ファイヤーアーベント：夜に集まってご苦労様という意味で行う余暇)の時間が長くなるので、レクリエーションの効果は高まる。

子供たちには睡眠不足が起こりがちである。しかし、学校活動の経験によれば子供にはそれほど変化はなく、レクリエーション効果があった。

●家族生活への影響

国民を対象としたアンケート調査結果によれば、サマータイム制度の導入による明るい時間の増加によって、家族のメンバーのコミュニケーションがとりやすくなる。

起床時間が早くなること、睡眠不足が学校に通う子供達に与える集中力の問題では、子供達がなかなか就寝したがらないことによる悪影響がある。

●社会と個人のライフスタイルへの影響

国民の大部分は、夜間に延長された明るい時間により外部の活動に参加している。たとえば、家族、友達との共同活動、水泳や運動場を利用したスポーツ活動、園芸活動、他の趣味に参加するなどの影響が現れた。

●睡眠時間の変化　睡眠時間について、「少し少なくなった」(27%)、「かなり少なくなった」(4%)、「少し長くなった」(2%)、「変化なし」(66%)、「不明」(1%)となっている。

一般企業に勤務する従業員は、制度導入によるメリットとして、ファイヤーアーベントがより効率的に使えることをあげている。しかし、メリットとしてあげられていることには、逆に睡眠時間が減るというデメリットにつながることが多い。

長く続く明るさにより、寝室を真っ暗にすることは難しいこともあって、なかなか眠れないこともわかった。

●経済・流通への影響　生産量と欠勤時間に関しては変化がなかった。建設業者または屋外労働者の場合、朝の涼しい時間は歓迎されている。デメリットとしては、制度導入期間中の最初の月と最後の月では、労働者はまだ暗いうちから仕事に就く必要がある。

ある業界と経済分野では国民の行動パターンの変化によって売上げに影響が現れたことがある。まず、スポーツ用品、ガーデニング用品の売上は増加している。国民はレジャー活動を行う期間、施設の営業時間を調整することを希望している。しかし、営業時間は従業員の労働法に影響を与えるので、簡単に実施することはできない。

また、祭がある場合、ビール、ワインを飲むのに暗くならないとおもしろくないので、どうしても祭に行く時間が遅くなる。

国境に近い地域では、隣国との時間的な調整が可能になったので、生活がしやすくなった。

●交通 制度実施期間中の朝の時間帯は、従来よりマイカーの通行量は少なかったが、夕方、夜は増加した。交通事故は増え、死者や怪我人は2%増加した。
空港への影響では、4月と9月の朝の時間の飛行において、霧の影響が現れた。

●農業と林業 農業については地域によって著しい影響が現れた。専業農家の場合は、ほとんど影響がなかった。兼業農家の場合、明るい時間帯に作業ができるようになり、外部の労働力を使っている場合、夕方が長くなるので残業が多くなり、人件費が増加した。
農作業については、気温が湿度に及ぼす影響により、収穫前の茎、葉が黄色くなって湿気を吸収しているので、脱穀後の湿度が高く、保存しにくいと同時に発酵する可能性がある。発酵熱により発火する危険性もある。湿気がなくなり乾燥してから収穫するには作業時間を遅くする必要がある。朝は10時30分ぐらいになるまで何もできない。

トラクターと運搬車が翌日には必要ということもあって、収穫した麦は夕方までに(日本の農協のような)組合に運ぶ必要がある。そのため、麦を運び入れる時間が遅くなって、遅くまで運搬労働者を待機させる分の人件費がかかる。

●果樹・野菜栽培　果樹栽培には制度導入は悪影響を与える。湿気の影響でイチゴなどが腐りやすくなるからである。作業時間が1時間遅くなるので、切り花、イチゴ、野菜などの場合、スーパー、小売店への輸送に影響を与える。

ビニールハウスでの野菜栽培の場合、制度導入によるメリットもある。朝の時間帯の気温が低いため、新鮮さと保存に良い影響を与えるからである。

●酪農　一時的に牛の身体のリズム調整に問題があった。最初の時期は牛乳の生産量が少なくなった。夕方、牧場から小屋へ移動する際に国道を通るので、まだ朝が暗い間は牛が車のヘッドライトを恐がった。

●エネルギー使用量　以前の報告では、エネルギー節約効果はあまり期待できないと述べたが、国民への信号効果はある。なぜなら、国民はサマータイム制度が省エネ活動と連携していると考えるからである。ミュンヘンにあるエネルギー研究所の報告書によると、具体的なエネルギー使用量について現在の段階で、その効果を最終的に発表することはできない。

モデル計算では、次のことが予想できる。

照明に使われる電力は、サマータイム制度による家庭、流通、小売店、農業を対象とした節約効果として、約5億キロワットアワーとなりそうである。この量は電力の総使用量の0・15％と想定される。一次エネルギーの節約に換算すると、16万5千トンの石炭に相当し、一次エネルギー使用量の0・004％となる。

しかし、この節約効果に対して、サマータイムが始まる最初と最後の月の朝の時間帯に必要な部屋暖房の増加は、5万トンの石炭に相当する。

●国民から見たサマータイム制度　第三者機関に依頼したアンケート調査の結果は、

表 2.1　サマータイム制度へのアンケート調査結果（ドイツ）[7]

		メリットがあった	デメリットがあった	無回答またはどちらでもない
		(%)		
1	従業員	59	12	29
2	経営者	48	7	45
3	農　家	50	24	26
4	専業主婦	40	14	46
5	交替制労働者	24	22	54
6	高齢者	22	21	56
7	学校に行っている子供	27	32	42
8	幼稚園に行っている子供	15	32	52

表２・１に示すとおりである。

○ サマータイム制度は存続させるべきか？

欧州連合上院代議委員団の「サマータイム制度は存続させるべきか？」という報告書（欧州連合上院代議委員団―レポートＮＯ・１３、１９９６／１９９７）[8]では、次のような問題点が指摘されている。

●省エネルギー効果について

・夕方に節約された照明時間の多くは朝の代償的なエネルギー消費の増加により相殺される。

・節約される電力消費量は全体の電力消費量から見るとごくわずかであり、その数値も完全とは言いがたい方法で推定されたものである。

●屋外レジャー活動の促進

・昼時間の延長により明るい夕方に屋外での活動が可能になると言われているが、４月から突然夏になり、徐々に長くなる昼が突然壊されるだけでなく、９月の時刻変化により突然冬がやってくる。有効に利用できるという利点は単なる見かけ上のものにしかすぎない。

・日照時間の延長により屋外レジャー活動の件数が増加するのは、受け入れ施設（スカイリフト、プールなど）が夏季に遅くまで開いていることで初めて可能となる。

●生体のリズム

・夕方の明るい時間が延長されその時間を有効に使うと、就眠時刻が遅くなり、その結果として夏には睡眠時間が短くなる。また、夕刻を過ぎてもいつまでも明るく暑さも続くので、就眠時間は太陽時に関しては大して変わらない。睡眠ホルモンであるメラトニンに関する科学的研究によると、標準時間が1時間早くなっても周囲は前と同じように遅くまで明るいため、脳からの自然なホルモン分泌が抑制される可能性がある。

・生物のリズムの急激な変化が気分、食欲、睡眠、作業能に障害を起こすことによって、ある種の悪影響が最も脆弱な層、特に老人、病人、小児に見られる可能性がある。

・旅行者の時差の場合は生物リズムが標準時からシフトするが、社会的活動も同様にシフトするのでリズム再同調は促進される。逆に時刻を変化させた場合は、実際の時間（太陽時）は変化していないので、個々人が社会活動をすべてシフトさせなければならない。

●業務への影響

・年に2回、時間経過が中断されることにより、多数の装置（タイムレコーダー、データ集積装置、家庭用電気器具など）に含まれている時計機能を調節しなければならない。
・公共交通体制を再編成しなければならない。
・畜産や酪農業では、動物の世話に必要な時刻や時刻変更時期に見られる生産量の低下を考慮しなければならない。病院、保育所、学校、老人ホームでも不適応問題が認められる。
・建築業者はより朝早くから仕事を開始するが、日の高いうちは作業が終わらない。また、気温の一番高い時刻に休憩時間となる。

5　日本におけるさまざまな意見の例

日本では、サマータイム制度導入に関して、既に２００８年に日本睡眠学会が反対を表明している。その声明[9]による反対理由は以下のとおりである。

①睡眠や生体リズムに対する影響を通じて、健康に悪影響を与える可能性があり、健康弱者に辛い制度。
②時刻変更時に交通事故の増加が報告されており、安心安全の国民的希望と矛盾する。
③必ずしも省エネにはならず、むしろ、医療費の増加や経済的損失により増エネになる可能性がある。
④光熱費などのエネルギー消費(出費)を結果として企業から個人(家庭)に一部移行させる制度であり、家計を圧迫する。
⑤過去にサマータイム制度を導入した韓国や中国、香港は現在制度を廃止しており、また現在制度を導入しているフランスやロシアなどでも、この制度に対する根強い反対運動があり、廃止を要求している。

また、節電効果については、産業技術総合研究所によって、運用次第で最大電力需要をかえって引き上げてしまう可能性があることが示唆された[10]。

東京大学大学院教授である坂村健氏は、一律時計を進めるようなサマータイム制はピークを崩さずそのままずらすだけであり、そもそも「電力需要のピークを生むのは真昼の空調」という現代では、太陽の出ている時間に社会活動量を増やすことが本質的目的のサマータイムは、省エネどころか増エネ要因になること、および、何より時計をいじるというのは意図的に「コンピューター

２０００年問題」を引き起こすようなものであることを指摘している[11]。

6 別の角度から考える

こうした内容も含めて考察すると、日本におけるサマータイム制度導入の是非については以下のようにまとめられる。

○ドイツの経験を参考にして考える

①ドイツでは期待するほどの省エネルギー効果はないことが既に認識されている。ただし、ライフスタイル、あるいは行動パターンを見直すための合図、信号的な役割は果たしているので、日本においても同様の効果は期待できる。

②同一大陸内の複数の国々が連合組織として経済活動を行っている場合は、特に陸上輸送による貿易上の理由から時間制度を共有する必要性とメリットがある。

日本は単一国家として行動しており島国であるため、他国との貿易が陸上輸送で行われることはない。

日本の場合、多くは海上輸送となり、空輸の場合でも韓国あるいは中国など時差の少ない国が相手国である場合は別として、貿易相手国との時差は数時間というよりは半日、1日というレベルの違いになる。したがって、サマータイム制度導入とグローバルな経済活動とはそれほど関係がない。

つまり、サマータイム制度が世界70ヶ国以上で導入されていることは、経済活動がグローバル化している背景を考慮したとしても、貿易上で日本が制度を導入すべきことを支える大きな理由にはならない。

旅行など、人間の移動についても同様と考えられる。

③省エネルギーという目的を果たす余暇活動を活性化させる意味では、日本にはドイツのファイヤーアーベントのような夕食後のまとまった活動を重視する習慣がない。

日本ではたとえ明るい時間に帰宅しても、明るい屋外（公園や運動場など）で活動するライフスタイルがすぐに定着するわけではない。緊急的に省エネルギーを目的として制度を導入しても、残業に向けられるか、個人（家庭）レベルのエネルギー消費を伴う活動に移行する結果となりやすいと予想される。

○日本ではどうするかを考える

日本とドイツでは自然や地理的な条件、政治的背景やライフスタイルも異なる。したがって、ドイツの結果を参考としながらも、日本は自らの土俵でどうするのかを考える必要がある。

そうした視野を含めて考えると以下のことが言える。

●季節の変化への感性に与える影響

日本の特性として考えなければならないのは、日本人が季節の変化に敏感な民族であり、それが日本の文化や国民の行動を支えている点である。長い歴史の中で、日本人は地震、台風に代表される不安定な自然環境の中で、その災厄とともに多様な変化を見せる微妙な自然の恩恵の中で独特の文化を育んできた。

時計の針を進める「サマータイム制度」では、期間の始まりと終わりで年に2回、時間の断絶が生じることになる。制度導入のために時計の針を動かすことは、一定期間「時の流れ」を時間軸ごと移すことになるので、自然の流れとは別の人為的な時間軸をつくってしまうことになる。

たとえば、ヨーロッパで実施されているように3月の最終日曜日からサマータイムが始まるとすると、「ようやく春が来た」と認識しているところに、時間制度では「突然夏が来た」ということになる。もっと夏に近い時期になってから制度を実施するとしても、たとえば沖縄と北海道では「夏」と認識される時期はかなりずれる。
制度導入が短期間で終わることになれば、さらに混乱を残すことになる。

●時間の認識に与える影響　人為的な時間制度の受け入れ、いわば人間の脳の「時の認識」の柔軟性は、すべての人に「慣れ」によって受け入れられるほど単純なものではない。「時間の根本的なルールの変更」が生体のリズムに与える影響については、日本睡眠学会の提言〔9〕のように真剣に考慮する必要がある。この面において、制度の楽観的導入は危険。

●制度導入に伴う装置やダイヤなどの調整　制度導入による手間（年に2回、すべてのＰＣおよび関連機器、屋内外の時計の時間合わせ、交通ダイヤの調整など）、それらに伴うコストを考えると、メリットはそれほど多くない。

●省エネルギーを実現するための方法　省エネルギーを実現するために、できるだけ人工照明に頼らず、涼しい時間帯に行動することを目的とするなら、時計の針を動かさずに、つまり時間制度を変えずに、可能な範囲で人間の行動パターンを変えた方がよい。
たとえば、9時から17時まで働くという習慣を、夏期間だけ8時から16時までにするというような「サマータイム勤務制度」であれば、「時間の流れ」の軸を人為的に動かさずに人間の行動パターンを変えたということになる。この方法は既に日本国内の一部の企業や公的機関などで実施されている。

健康な人であれば、その必要性を認識できれば適応することはできる。

取引先や顧客など関係者との調整がつく範囲における始業時間などの繰上げであれば、高齢者や病気の人を巻き込むことは少ない。したがって、それほど大きな混乱はない。日本の文化や国民性に悪影響を与えるほどの影響もない。

また、この方法によれば、ＰＣ関連機器などの調整や時計合わせの必要もなくなる（ただし、全国規模で統一的に実施することになれば、就業規則など組織のルールを改正する必要がある。交通ダイヤの調整も必要となる）。

さらに、

・個別の省エネルギー対策の徹底（待機電力など無駄の削減、使っていない空間の照明の消灯など）、

・技術的な対策（断熱材の開発、省エネルギー製品の普及・開発など）、

・装置稼動の絶対数の削減（深夜営業やネオンの削減、エレベーターの間引運転、自動販売機設置台数の削減など）

などの推進も効果的と考えられる。

また、瞬間的なピーク電力消費による大規模な停電が経済活動および生活全体に及ぼす多大な影響を考えると、個別企業や工場単位での夏休み期間の前倒しまたは延期、業種別の始業・終業時間の設定のシフトなど、電力消費の分散を真剣に考える必要がある。

7 日本人の生活習慣や文化に与える影響

重要なことは何なのだろうか。

日本国内の議論において、サマータイム制度をめぐるメリット、デメリットの多くは「1日」の時間シフトを対象としている。しかし、日本人にとって、より深刻なのは、年に2回、時間の流れを断絶してまで、「1年」の「時の流れ」に人工的な手が加えられることである。

サマータイム制度が本格的に導入されれば、強制的に「夏の始まりと終わり」が認識させられることになる。そういった自然の四季の移り変わりへの人為的な時間の挿入が、日本人の生活習慣、および、意識しないまま受け継がれている文化的基盤に悪影響を与えてしまうことである。

世界遺産にも匹敵する日本の優れた文学や美術の多くは、微妙な季節の移り変わりを題材としている。

日本の文化が極度に繊細な心配りによって、数世紀にわたり自然との関係をコード化してきたことは、フランスの地理学者であるオギュスタン・ベルグの『風土の日本』[12]の中で述べられている。日本人であれば、たとえ初めて耳にした時でさえ、「季語」に対する反応回路が既にあって、受け取る用意ができている。日本人の多くは、その回路を通じて自然と社会との関係と調和を保ってきたのである。

こうしたことは、ＩＴ社会の到来を迎えた今日でさえ、私たちの日常会話の多くは「ようやく春めいてきました」、「すっかり秋らしくなってきました」、「霜がはじめて降りました」といった類の、季節の区切りの話題から始まることからもわかる。

被災地では放射能騒ぎの渦中でさえ、お彼岸の墓掃除や卒塔婆の受取りに人々が訪れているという。

日本人が伝統的な「自然との関係に関するコード」を受け継いでいることは、世界を驚嘆させている自然災害時の日本人の落ち着いた態度からもわかる。

日本人は時間軸上に現れる四季の微妙な変化に耳を傾けながら、背後にあってその自然を支え

ている もう一つの深い世界を感じとってきた民族である。

季節の微妙な変化は、自然の持つパワーを人間活動に血肉化し、先祖からの信仰を伝える機会でもあった。人為的な時間軸の操作は、長期的にはこうした日本人の特質を無自覚のうちに喪失させ、数千年もかかって構築してきた伝統や国民性に手を加えることになる。

冒頭で述べたように、サマータイム制度と言っても「時計の針を動かすか動かさないか」、つまり人為的に「時間の流れ」を変更させるかどうかによって、それらが与える影響の深さは全く異なる。

時計の針を動かすサマータイム制度によって、明確な省エネルギー、および、地球温暖化防止に格段の効果が期待できるなら、その導入も選択肢の一つかもしれない。

しかし、本質的な影響を見逃したまま、無自覚的に「サマータイム制度」が導入されるなら、世界から賞賛されている日本人の祖先が積み上げてきた偉業を台なしにし、日本をデジタルで無機質な、そして空疎な国にしてしまう危険性さえある。

そのことは、生活スタイルのほとんどが欧米化された今日でも、先進国中で唯一の非欧米国として、「何か違うものを持っている」国民の心の支えを完全に喪失させてしまうことにもなりかねない。

時間制度に手をつけるなら、その変更の与える影響が、国の自然的条件、歴史的・地理的背景、国柄によって全く違うこと、そして、日本の伝統的な文化に与える影響に配慮することが基本的に重要なのである。

加えて言えば、国際的な情報として、「日本ではサマータイム制度を導入した」と発信した場合、外国人には「時計の針を動かすサマータイム制度」を導入したと解釈されるので、この用語の使い方には注意する必要がある。

引用・参考文献

[1] Antwort der Bundesregierung: “Sommerzeit ab 1980”, Drucksache 8/3294 (1979.10.25)

[2] Antwort der Bundesregierung: “Auswirkungen der Zeitumstellung infolge der Einfuehrung der mitteleuropaeischen Sommerzeit”, Drucksache 15/5459 (2005.5.11)

[3] 「地球環境と夏時間を考える国民会議」報告書の概要：http://www6.big.or.jp/~nansya/summer/EJCC/index.html

[4] 生活構造改革をめざすサマータイム～調査結果の概要～、生活構造改革フォーラム(2004.4.19)：http://activity.jpc-net.jp/detail/21th_productivity/ activity000730/attached.pdf

[5] サマータイム制度導入に関する金属労協の考え方：http://www.imf-jc.or.jp/activity/monodukuri/summertime.html

[6] 北海道サマータイム：http://www.sapporo-cci.or.jp/summer/

[7] Unterrichtung durch die Bundesregierung: “Bericht der Bundesregierung ueber die Erfahrungen mit der Sommerzeit in den Jahren 1980 und 1981”, Drucksache 9/1583, 1982 年 4 月 20 日

[8] サマータイム制度は存続させるべきか？、Philippe Francois、欧州連合上院代議委員団｜レポート No.13、1996/1997

[9] サマータイムに関する声明文、日本睡眠学会、http://jssr.jp/oshirase/summer_time.pdf

[10] (独)産業技術総合研究所、安全科学研究部門社会と LCA 研究グループ 井原智彦 研究員、素材エネルギー研究グループ 玄地 裕 研究グループ長らが、夏季の計画停電やエアコンを中心とした各種の節電対策による最大電力需要や室内温度などに与える影響・効果を定量化した調査結果による、http://www.aist.go.jp/aist_j/new_research/nr20110621/nr20110621.html

[11] 【提言】サマータイム制は論外--坂村健(東京大教授)(2011 年 04 月 19 日)

[12] オギュスタン・ベルク、『風土の日本　自然と文化の通態』、ちくま学芸文庫(1992.9)

第3章

脱原発に向かうドイツ

ドイツ・メルケル政権の連立与党は２０１１年5月、２０２２年までに原子力発電所を全面停止する方針を決めました。

この決意には、「安全なエネルギー供給に関する倫理委員会」の計１７人の有識者が、１０年以内に脱原発が可能であると提言したことが大きな節目になっています。

ドイツではこれまで、必要な電力の2割強を国内の原子力発電によって賄ってきました。脱原発の実現は、国内の１７基について、①福島の事故後に稼働を止めた旧式など8基は閉鎖するが、１基は１３年まで再稼働を可能にする、②6基を２１年までに停止する、③新型3基は２２年までに停止する、という段階で進める予定になっています。

ドイツ国民にとって、脱原発への方向性は、むしろ、改めて決意する必要がないほど違和感なく受け入れられています。倫理委員会の提言も、社会の意見を代表したものと言えます。

太陽光、風力、バイオマスなど、再生可能エネルギーの大幅な増強と、エネルギー効率の改善に向かうことを決意したドイツ。

メルケル政権の決意は、世界のエネルギー政策に強い影響を与えています。

一方、こうした方向性をどのように解釈するかは、各国の歴史や背景、条件を基本に考える必要があります。

また、ドイツの脱原発の方向性が倫理委員会の提言によって決定づけられたことから、日本国民にはまるで、それが神の託宣であるかのような印象を与えています。国民全体が思いもしなかった大災害により多大な精神的打撃を受けている状況下では特にそうです。

しかし、倫理委員会の提言もメルケル政権の政策を後押しする口実として使われた可能性も否定できないように、そして、倫理委員会の委員も単にドイツ国民の意見を代表する人たちと考えた方がふさわしいように、より距離を置いて考えた方がいいのです。

日本では、転機を迎えるごとに、まず、海外の先進事例にモデルを見つけようとする傾向があります。

しかし、今回のような大きなできごとを考えるに当たっては、場合によってはそうした単純なやり方が、自国の価値観、伝統、言語を失ってしまうことにつながるかもしれない、日本人の立場からは、そのことにも目を向けてほしいのです。

本章では、ＥＵが構築されてきた目的、経緯を紹介し、エネルギー政策、通貨、そして、日本ではあまり話題にならないフィンランドの例も取り上げ、言語や文化に与える影響にまで関連づけています。

北欧の小さな国フィンランドの人口は約５３０万人ですから、人口規模では日本の兵庫県とほぼ同じです。そういう意味では、ドイツや日本と対等な例ではないかもしれません。

しかし、緯度が高いために、生産性が低く、国力を高めることが困難であったにもかかわらず、教育に熱心に取り組んで、国民の知的レベルの向上によって先進工業国としての地位を築いてきたという歴史は非常に興味深いのです。

１７００年頃からロシアに支配されていたフィンランドでは、１９１７年にロシア帝国から独立するまでの間にロシア語を強制された時期がありました。ロシアからのエネルギー供給依存を避けるために、フィンランドは国策として原発推進の方向を決めました。

日本は、独自の言語や通貨を失った時、あるいは、エネルギーや資源の供給が途絶えた時にどんな事態を迎えるのか、そのことについて、より多くヨーロッパの経験から学ぶべきなのです。

筆者らは、脱原発の是非や、エネルギー政策そのものについて主張したいのではありません。

ヨーロッパの事情を紹介することによって、解釈の幅を広げ、より多くの選択肢から考えられるようにすることを期待しているのです。

なお、本章で紹介するドイツの報告書は、原文に沿って訳したものですが、わかりやすくするために、筆者らの判断によって表現を変えているところがあります。

したがって、原文の直訳ではないこと、および、必要に応じて筆者（フォイヤヘアト）の説明、またはコメントを加えていることを断っておきます。

1 ヨーロッパ主要国の原子力発電への取組み状況

原子力発電に対する方向性が明確なフランス、イギリスを除くヨーロッパ主要国の原子力発電への取組み状況は**表３・１**に示すとおりである。

欧州で発電電力量に占める原子力の割合が最も高いフランス（約７６％）では、３～５年前から隣国ドイツや北欧諸国からの影響を受けて、再生可能エネルギーへの関心が高まりエコブームが起こった。

太陽光パネルの設置や電力買上げには、国からの助成金給付も開始された。しかし、原子力発電と比べて高くつくことから、２０１０年９月には個人住宅の太陽光パネルで生産された電力買上げへの助成金はストップされた。

欧州でフランスに次ぐ原発推進国であるフィンランドでは、世界最大の炉を含む４基の原発が稼働中で、将来的にあと３基が動き出す予定である。地震の心配がなく、原料となるウランの約８割を自前で賄うことができる、原油や天然ガスのロシアからの輸入も安全保障上のリスクを考えると避けたい事情があること、などから原発は国民の支持を得てきた。フィンランドの総供給電力量の電源別シェアでは、原子力は約28%であり、約14%を占める天然ガスの全量をロシアからの輸入に依存している。

その他、欧州の主要国のうち、イギリス、ポーランドが原発依存を変えない方針である。ドイツ、イタリア、スイスが脱原発の方向に向かっている。

イタリアでは、1960年代から原子力発電所の運転を行ってきたが、チェルノブイリ事故直後の国民投票で脱原発を決定し、1990年には国内のすべての原子力発電所の運転を停止した。しかし、2008年には当時のベルルスコーニ首相のリーダーシップの下、エネルギー源の多様化を通じた安定的なエネルギー供給の必要性、地球温暖化対策の重要性の観点から、原子力発電の再導入を目指す方針に転換された。

2009年2月にはイタリア経済振興省内に原子力担当部局が設立されるなど、原子力発電導入の準備が進められてきた[1]。

しかし、福島原発事故後の2011年6月には、原子力発電所の是非を問う国民投票の結果を受けて、イタリアは再び脱原発に転換することになった。

脱原発に向かうドイツ、イタリア、スイスは、経済合理性や産業振興よりもむしろ、ゆるやかな経済と安全な社会への傾斜を目指している印象がある。

国の原子力発電の現状

現　　状[2]	福島原子力発電所事故後の政府の対応
(原子力の段階的廃止等を規定) 電所の運転期間延長を認める法案を可決 基、建設・計画中なし	2022年までに全面停止
開発を条件とし2010年までに原子力発電所全廃を決議 の段階的閉鎖に関する法律を可決・運転中原子力発電所の出 替電源見つからず) めの持続可能なエネルギーと気候政策」で、脱原子力政策を撤 める方針を発表 設を認める政府案可決(30年に及ぶ新規炉建設禁止政策解除) 基、建設中・計画中なし	10基以上は増やさないが、リプレイス可能(2010年決定)という策を継続
)にオルキルオトに3号機(EPR)を建設中 基、建設中1基、計画中2基(15年内)	増設計画を維持
ラトリアム否決、2005年の原子力法改正で原子力オプション 通し」(2007年2月)で、中長期の電力需要を満たすには新規原 基、建設中なし、計画中3基(15年内)。	2034年末までに全面停止
(1986年のチェルノブイリ事故により原子力反対運動激化)を 発電所と新規建設を凍結 開を盛り込んだエネルギー法が施行 基(15年内)	国民投票で脱原発の方向性を明確化

http://www.aec.go.jp/jicst/NC/tyoki/sakutei/siryo/sakutei2/siryo3.pdf(2011.1)より引用(参照：原産協会HP「世界の原子力発電の現状」、世界の原子力発電の動向2010(原産協)、原子力年鑑2011年版(原産協)、WNA-HP)

1 ヨーロッパ主要国の原子力発電への取組み状況

表 3.1 ヨーロッパ

国　名	基数[1)]	発電電力量に占める原子力の割合(%)[1)]	
ドイツ	17	22	・2002 年 4 月、脱原子力法 ・2010 年 9 月、既存の原子 ・2010 年 12 月現在、運転
スウェーデン	10	45	・1980 年、国民投票で代替 ・1997 年 12 月、原子力発 力増強を実施。(原子力 ・2009 年 2 月、「長期安定 廃、原子炉のリプレース ・2010 年 6 月、原子力発電 ・2010 年 12 月現在、運転
フィンランド	4	29	・30 年ぶり(欧州では 15 年 ・2010 年 12 月現在、運転
スイス	5	42	・2003 年の国民投票で原子 維持を明確化 ・「2035 年までのエネルギ 子力発電所建設が必要と ・2010 年 12 月現在、運転
イタリア	0	0	・1987 年、政府は国民投票 受けて、政府は既存の原 ・2009 年 8 月、原子力発電 ・2010 年 12 月現在、計画

1) 基数は 2009 年 1 月 1 日現在、発電電力量に占める原子力の割合は 2007 年の
出典：ENERGY BALANCES(2009Edition)(OECD)、「世界の原子力発電開発
動向 2009」(日本原子力産業協会)他

2) 原子力のエネルギー利用を巡る現状について：内閣府原子力政策担当室

フランス、イギリスなどの原発依存を維持しようとする考えの国々は、脱原発を目指す国々の影響を受けて、国際社会が反射的に原発停止に向かうことを懸念しているようにも見える。こうした国々にとって、原発維持は、地球温暖化の原因となる二酸化炭素の排出削減に貢献しているという環境面への優位性が、経済性のみのためではないひとつの柱となっている。

2 倫理委員会の提言

ドイツの「安全なエネルギー供給に関する倫理委員会」は、２０１１年４月、ドイツ連邦政府によって設置された。産業、労働組合、学識経験者、教会の代表者など計１７名で構成される本委員会の役割は、福島原子力発電所事故を受けて、原子力利用のリスクを根本から見直し、社会全体が今後数十年の基本方針として受け入れる国家エネルギー戦略を取りまとめることである。

５月末には、委員会の最終報告書「脱原発についての倫理委員会の提言」[2]がまとめられた。ここでは、本報告書の概要をわかりやすくするために『はじめに』の部分を紹介する。

倫理委員会は、脱原発のための措置として、どのような方法をとったとしても10年以内に原子力エネルギーを段階的に廃止することができると確信している。この目標と必要な措置に関して、社会ははっきりとした形で取り組むべきである。

明確な唯一の目標に向かって、必要な分析・評価や投資計画、判断を行うべきである。

ドイツのエネルギーの将来に立ち向かうためには、政治と社会にとって様々な難しい判断が必要であり、負担も多くなる。しかし、同時に、この目標を10年以内に達成する特別な機会ともなっている。

目標を達成するために、一貫したゴールに向かって政治的な面で効率的なモニタリングを実施していくことが必要である。それに関して、この報告書はいくつかのことを提言している。

倫理委員会は速やかに連邦議会に属する特別な議会担当委員を設置することを提言する。その委員は脱原発を担当することになる。進行もこの委員によって行われるべきである。

倫理委員会の提言は、連邦議会が効率の良い目標に向かう政策を、州と手を組んで実施していくことを前提としている。

脱原発は組織面でかなり高い課題であり、包括的なプロジェクトが必要である。政治的にも大きな挑戦となる。

段階的な脱原発措置は必要であり、将来におけるドイツの原発によるリスクをゼロとするために望ましい。よりリスクの少ない代替方法があるので、エネルギー源を転換することは可能である。

脱原発への転換そのものは産業の競争力およびドイツの産業国としての立場を失わないように行うべきである。科学と研究、または技術開発および企業のイニシアティブによって持続可能な経済に関する新しいビジネスモデルを実施するために、ドイツには風力・太陽光・水力・地熱・バイオマスによる発電、節電技術、効率的なエネルギー利用の選択肢がある。

また、国民のライフスタイルの変化によってエネルギーを節約することもできる。

脱原発という意味は、まず原子力発電所で発電した電力を送電網に送らないようにすることである。倫理委員会は発電所とのプラグをはずしてから、しばらく安全に管理する必要があると理解している。

完全に廃止するまでには時間がかかる。

○　共同作業

倫理委員会は、脱原発は政治、経済社会の各面での共同がなければ円滑に進まないという確信を強調する。

共同作業は大きな課題であり、様々な課題が含まれている。国際社会は、ドイツがうまく脱原発できるかどうかを興味深く監視している。この計画が成功した場合、他国に大きな影響を与えることが期待される。失敗に終わるとドイツへの不信は深刻になり、再生可能エネルギー開発の分野で達成された成功例を疑うようになる。

過去数年間でわかったように、共同作業を当然のことと見なしてはいけない。したがって、脱原発の実現途上で遅れが発生する心配は否定できない。同時にドイツは脱原発という計画を創造力によって、現在考えているよりもはやく実現可能であることを期待することも正しい。

ドイツは脱原発の道を歩むという新しいものに立ち向かう勇気を出すこと、自国における実績に基づく一貫したプロセス(管理と制御)をもって歩むべきである。局地的な面、自治体レベル、企業レベル、様々なイニシアティブとボランティアを見ればわかるように、倫理委員会には、社会全体が幅広い分野で将来に向かって原子力が不用となるような変化が見える。

ドイツの産業の力は創造力であり、高品質の製品をつくり出す能力である。持続性に配慮しながら活動する企業も増えている。これらの企業に、脱原発という方針は新しいビジネスチャンスを与えている。

ドイツの科学は唯一の立場にあり、これから影響力のある重大な発見によってエネルギーの転換を可能とすることが期待される。

したがって、共同作業において、科学と研究が重要な役割を果たす。この役割は、自然科学と科学技術の研究のみでなく、社会科学研究においても言える。したがって、当委員会は Nationale Akademie der Wissenschaften Leopoldina（国立科学学士院レオポルディーナ、エネルギー政策に関する資料を出したアカデミー）がエネルギー対策、かつエネルギー研究において提言書を提出したことを歓迎する。

ドイツの脱原発には、原子力発電所の安全性に対して、より新しい研究が求められる。また、使用済み核燃料の取扱いについては、特に他国に原子力発電所が稼働していることに配慮しながら研究することが必要である。

倫理委員会が提案している Nationales Forum Energiewende（脱原発ナショナルフォーラム）の役割は、社会の各利害関係者との対話を促進することである。特に、自治体および企業のレベルで脱原発の期間を効率よく短縮することが可能である。

また、脱原発が成功するかどうかは、（国ではなく）自治体と企業の個別の判断によるものとなる。市民団体のディスカッションも重要となる。

○ モニタリングおよび管理プロセスについて

倫理の面では、脱原発をできるだけ早く行うことが理念にかなっている。このことは、委員会の立場から見ると、必要でもあり、基本的に可能でもある。

うまくいけば、提案されている10年間の期間を短縮することも可能である。委員会が推薦しているモニタリングプロセスと、脱原発に関する議会担当委員の設置により、年間の進捗状況を監視し報告することによって、原子力廃止の決断を裏づけることを考えている。

モニタリングによって、場合によっては廃止の遅れを早い段階で明らかにし、適切な対応策をとることによって、計画どおり脱原発が実施されることを保証する。研究開発の最新の成果をモニタリングプロセスで配慮すべきである。

◯ 脱原発の順序

倫理面の理由で、原子力発電所は、他のリスクの少ない発電方法で代替できるようになるまでしか運用しないようにすべきである。現在、既に不必要となっている発電所によって供給されている電力8・5ギガワットは、送電網に送電しないようにすべきである。

夏と冬に発生するピーク電力を減少させるために、他の発電方法でカバーする必要がある。

発電所の送電網からの分離の順序は、それぞれの発電所の残存リスクと地域の事情に応じて決定されるべきである。しかしながら、より細かい分析の結果、他のリスクが存在することが新たにわかった場合、順序を速やかに見直す必要がある。

安心して計画できることは、経済と社会にとって重要な条件である。この条件の有無は競争力に影響を及ぼし、投資の経済性を評価する時にも重要である。

グローバルな面でドイツは脱原発に関して、先導的な役割を果たすとともに責任もある。エネルギー供給システムやエネルギー効率の向上とともに必要なインフラストラクチャーの建設を対象にして膨大な投資を行う場合、「安定した方向」は必要不可欠である（政権交代などによって現在の脱原発政策が変わらないことを意味する）。

○　最終貯蔵施設と原子力の安全性

安全性に配慮しながら放射性廃棄物の貯蔵施設を決定するとともに、取出し可能にしておくことも必要である（新しい処理技術により、より安全に処理できるようになる可能性があるからである）。

原子力発電所の安全性は、相変わらず重要性が高くて、ＥＵおよび国際的に協力が必要になる。したがって、倫理委員会は連邦政府に原子力発電所の重要性に関する問題、課題を国際レベルで議論するような動きを求めている。

倫理委員会は、原子力発電所から発生する放射性物質の悪意による引渡しに、深刻な危険性があることを認識している。

これに関して、連邦政府の対策が求められる。

○おわりに

脱原発を実現するために必要な措置に関しては、多様な課題と複雑な問題を解決する必要があるので、共同作業という単語は正しいと考えている。

倫理委員会は、利害関係者に配慮し、脱原発をステップバイステップで行うことが課題となると考えている。市民の関与を可能とする機会も重要であると考える。

3 脱原発を目指すドイツの背景

日本では原子力発電推進か、脱原発か、という二者択一的なエネルギー政策面のみからドイツの事例が紹介されている。「脱原発についての倫理委員会の提言」[2]も、その有力な参考資料として扱われている。

一方、EUではギリシャ、イタリアの債務危機など、金融問題が同時進行的に起こっている。この問題はユーロ圏を根本から揺り動かすほどの深刻な問題となっている。

ドイツは既に大規模なギリシャ支援に乗り出している。こうした動きに対して、連邦憲法裁判所において、国(ドイツ)を相手どってギリシャへの援助が許されるのか、という訴訟を起こしている経済学者もいる[3〜5]。

そして、もっと根本的な背景として、戦後、ドイツが目指した「社会福祉が整った市場経済」のほとんどが実現されなかったことも認識されはじめている。結果として自由市場により格差が広がり、深刻な社会不安が広がっていることに対して、「暴走する資本主義」の概念を立て直すべきだという著書[6、7]を出している政治家もいる。

メルケル政権の脱原発への方向性は、単にエネルギー政策として二者択一的に選択されたのではない。もっと大きな背景が潜在的にあった中で、社会再生のための手段として再生可能エネルギーへの転換が位置づけられている。

ドイツ人の約8割は脱原発に賛成しているが、倫理委員会の提言[2]に対しても、ドイツ国内では異論もある。たとえば、この提言は現在のメルケル政権の生き残り策として、単に脱原発への叩き台として示されただけのものだというものである。ヨーロッパ各国の受取り方も、それぞれの国の事情によって異なる。

以下では、ドイツ国内、およびヨーロッパにおける様々な意見について紹介する。内容として、まず、福島原子力発電所事故前のドイツにおける「新エネルギー戦略」について簡単に説明する。その後で、2011年6月に発売されたドイツで信頼性の高い経済誌[8]に掲載された記事の概要と、ヨーロッパ主要国の新聞記事の内容を紹介する。

○ドイツにおける環境政策の方針と「新エネルギー戦略」

ドイツでは1990年代初めから「エコロジー的近代論」に基づき、環境分野への戦略的革新により技術革新、経済成長、雇用創出を促す政策が進められてきた。特に、91年には電力供給法の導入により風力発電設備から発電された電気を電力会社が買い取ることを義務づけた。このことは、再生可能エネルギーを固定価格で買い取る、世界でも画期的な制度となった。

98年のシュレーダー首相の率いる社会民主党と緑の党の連立政権では、政権公約によりエコロジー税制改革が導入された。これは、エネルギーへの課税引上げによって環境負荷を削減すると同時に、税収を年金保険料の減額に充て、雇用コストの引下げを通じて雇用を促進することを目的とする。

ドイツでは、こうした環境に関する目標と環境配慮を、社会システム全体と統合して解決しようとする政策が進められてきた。

脱原発のきっかけは、２０００年の社会民主党（ＳＰＤ）・緑の党の連立政権により、脱原発に向けて合意されたことにある。当時の計画では２０２０年頃にはすべての原子力発電所が使用停止される予定になっていた。

しかし、２０１０年9月に「新エネルギー戦略」が閣議決定され、原子力発電所の稼働期間が平均１２年間延長されることが提案された。

この戦略の目的の一つは、稼働期間を延長することにより、再生可能エネルギーおよび省エネルギー関連投資促進のための予算を確保することにあった。そのために、２０１６年までの時限措置である核燃料税に加えて、稼働期間延長による追加的利益への課徴金を定める取決めを、原子力発電所運営事業者との間で行うこととしていた。

具体策としては、原子力発電所の稼働延長への対価として、原子力発電事業者に２０１１～１６年に年間２３億ユーロの核燃料税、２０１１年～１２年にはそれぞれ年間3億ユーロ、２０１３～１６年には年間2億ユーロの追加的な課徴金が課せられることになっていた。

つまり、稼働期間延長による原子力発電事業者の追加的利益の大半を、新規の核燃料税および追加的課徴金として支払わせることによって、原子力発電事業者が経済的に優位な立場に置かれることを防止するとともに、その収入を活用して再生可能エネルギーへの転換を図ることが計画されていた。

併せて、原子力発電所安全規制を原子力法改正の枠組みの中で強化して最高水準に変更し、2036年までにすべてを停止することになっていた。

◯脱原発計画に対するドイツ国内の批判

福島原子力発電所の事故後、メルケル政権の連立与党は、2022年までに原子力発電所を全面停止する方針を表明した。いったん、原発の稼働年数延長を決めたにもかかわらず、原発廃止を宣言したメルケル首相のUターンに対しては、13年の総選挙を睨んだ政治的打算という見方もある。

とはいうものの、国会でも賛成513に対して、反対79で決議されたため、国として脱原発に向けて様々な施策を実行していくことになる。

産業、労働組合、学識経験者、教会の代表者など計17名で構成される「安全なエネルギー供給に関する倫理委員会」の提言内容も、既に紹介したとおりである。

しかし、再生可能エネルギーの普及および送電網整備には時間がかかること、建物のエネルギー効率化に設備投資が必要なこと、核廃棄物処理場の点検や廃炉処理に膨大な費用がかかることなど、課題も山積されている。

特に、原子力発電所の早期廃止を進めると、原子力発電事業者から得られる予定になっていた核燃料税・課徴金としての財源を失うことになる（メルケル首相の脱原発表明時では、核燃料税維持の方向）。新たな財源と費用負担についての具体策がないまま、ユーロ危機という別の大きな問題も抱えることになっている。

日本ではメルケル首相の表明をドイツの決断と解釈し、ドイツ国民すべてが受け入れているかのように報道されている。しかし、ドイツ国内では脱原発計画について批判的な意見もある。多様な意見を総合的に見て今後のエネルギー政策について考えられるように、ここでは批判的な意見について紹介する。

たとえば、２０１１年６月に発売されたドイツで信頼性の高い経済誌[8]に掲載された記事のタイトルは、「メルケル首相の脱原発計画に対する猛烈な批判について」である。

主な内容は、野党および電力会社からの意見で構成されている。

●野党からの批判

野党からの批判は、脱原発計画に抜け道が設けられているので、計画どおりには実現できないというものである。

その焦点となっているのは、政府がまとめた脱原発への工程表に設けられた「抜け道」についてである。工程表には、以下の３点が付帯事項として含まれている。このことが、脱原発への信頼性を失わせ、実現を曖昧にしているというものである。

①凍結発電所：脱原発はすぐに実行することはできないので信頼性、安全性が確認された発電所は廃止してしまうのではなく、何かあった場合には予備発電所として使えるようにしておく。つまり、廃止ではなく凍結しておく。

②発電期間の余裕：脱原発に想定以上の時間がかかる場合もあるので、猶予期間を設けること（セーフティーバッファー）。

③再審査節：連立政権の自由民主党FDPによって求められている手続き（脱原発政策の進行度合いを定期的に確認し、必要に応じて脱原発工程を一時的に停止できる措置を講じることを意味する）。

これについては政府と野党との間で会議も開催された。その中でラインラント＝プファルツ州首相であるベック氏（社会民主党：野党）は、これでは野党の統一的見解はまとまらないとして、会議前の会談でメルケル首相に各原子力発電所の具体的発電中止を求めた。

ベック氏の意見は、過去にもあったような運用期間についての曖昧な考え方はやめてほしいというものである。つまり、脱原発への期限を宣言しながら3点の抜け道が準備されていることはトリックだというものである。

あるドイツの新聞報道によると、連邦政府は脱原発の具体的実施について電力会社の意向に添って柔軟なものにするのではないかと伝えられている。

たとえば、原子力発電所の総発電量から割り当てて、１ヶ所の原子力発電所を廃止したとしても、その発電所で可能だった発電量を他の発電所に割り当てることによって、他の発電所の運用期間の延長を認めるというやり方も想定される。

そうした経緯を経て、最終的には脱原発計画が棚上げされることも考えられる。それを防ぐために、もっとがんじがらめの形で廃止すべきだというものである。

緑の党のトリッティン氏も、メルケル首相の考え方は、単にそれまでにあった従来の考え方の運用方法を変えただけであると強く批判している。緑の党代表のロート氏も各原子力発電所の具体的廃止計画を求めている。

●電力会社からの批判

ドイツの大手電力会社ＲＷＥは政府が公表した計画を見て「『予測不可能』という表現は現政権のエネルギー政策のみに対しては当てはまらない」と強く非難している。まず、電力会社としては脱原発そのものに反対である。それに加え、「新エネルギー戦略」で決められた核燃料税が今後も維持される計画であることに強い反発がある。

電力最大手のＥ・ＯＮが、まず訴訟を起こした。同じく電力大手のＲＷＥからも厳しい批判の声が上がった。両社の意見は、「隣国を見ればわかるように、エネルギー政策は、もっと冷静に落ち着いて取り組むことが可能だ」というものである。

RWEの社長は次のように発言している。

「我々は（筆者注：ドイツ国民全員という意味）ドイツ経済の競争力を軽率に危険にさらし、結果が全く予測できない実験を行おうとしています」。

E・ONの社長は、国を相手取って、損害賠償金として数十億ユーロを求める訴訟を起こした。RWEは原子力の3ヶ月モラトリアム（脱原発期限の施行に対し、メルケル首相が、老朽化しつつある国内の原子力発電所の稼動延長を3ヶ月間凍結を決めたもの）が気になって既に訴訟を起こした。追加訴訟も考えられている。

○ヨーロッパ主要国の新聞記事の内容［9］

ヨーロッパ主要国のメディアのコメントとして、代表的な新聞記事の内容を紹介する。

●スウェーデンのSvenska Dagbladet

ドイツは道を選んだ。原子力発電はやめようということだ。これはいくつかの点から考えて間違っている。まず、電気料金が高くなる。職場も減る。経済力も弱くなる。自然環境にとっても全くメリットがない。

ドイツの決断は、ドイツ人のみに関係するのではない。ヨーロッパ全体が影響を受けることになる。将来へのすべての計画は、まだ発明されていない技術に頼ることになる。ドイツの脱原発への決意は、今後、環境破壊（筆者注：火力発電が増えることにより地球温暖化への影響が高まるという意味）と不安をもたらす可能性が高い。

●オーストリアの Die Presse　電力会社と電力関連産業に対する勝利は、環境保護を訴える人でさえ味わうことができない。それほど不安がある。理由は、まず脱原発に時間がかかるということだ。

十分な風力発電所と送電網が建設されるまでに、ドイツは1回のみでなく、もっと何度も寒い冬を過ごすことを余儀なくされるだろう。

また、ドイツは数十億ユーロを投資して、天然ガスと石炭を使用する火力発電所を建設する必要がある。その結果、将来の国内電力の6割以上を化石燃料によって発電することになる。これは気候変動を抑えたい人にとって悪夢そのものだ。

●フランスの Le Monde　ドイツはヨーロッパ全体のことを考えずに、エネルギーに関する国内議論を行っている。脱原発計画は政治と経済の分野でヨーロッパ各国に影響を与えるにもかかわらず。

原子力の分野だけでなく、最も強力な経済大国であるドイツは、また孤独な騎士のように登場している。こういった態度により、ドイツはG8サミットでも仲間はずれのような待遇を受けた印象がある。あまり話し相手にもされなかったようだ。

ヨーロッパ全体のことを考えていないという最も明確な例は、ユーロ危機の問題だ。ドイツは援助対策に最も貢献しているにもかかわらず、隣国の政府に自国の条件を押しつけることを考えている(筆者注：自国の事情しか考えていないという意味)。

●フランスの Paris Normandie

フランス政府にとって、ドイツは非常に悪い決断をした。なぜかというと、フランスにとって原子力産業は貿易の切り札であるからだ。特にアメリカの登場により戦闘機が売れなくなっている現在、他の産業国や新興国もドイツの例にならって行動することになれば、フランスが貿易上で受ける影響は避けられない。

ドイツの決断は、フランス国内での政治的な議論に著しい悪影響を与える可能性がある。特にサルコジ政権が登場してから、与党は絶え間なくドイツの例をあげ、模範的に捉えている面がある。

ドイツ人は少なくとも、まず力強く新エネルギー技術に投資する必要がある。彼らはこの分野で世界一となりそうだ。これもまたフランスにとって良いニュースではない。

●デンマークの Berlingske Tidende　ドイツ政府はすべての原子力発電所を比較的短期間で廃止することを決めた。しかし、代替エネルギー計画がない。そして、ヨーロッパのエネルギー政策、および気候にも深く影響を及ぼすことは確実だ。

過去数年間には、原子力発電に対する独断的な抵抗だけでなく、気候変動に配慮した柔軟な態度が現れていた。残念ながら、福島の原発事故により、エネルギー政策に対する偏見のない考え方が、独断的な原子力反対政策に代替されてしまった。

このような考え方では現実的な代替案を出すことができない。

●スイスの Neue Zuercher Zeitung　福島の原発事故以降、ドイツではメルケル首相が求めているエネルギー政策の切替えを実施することになる。しかしながら、決してエネルギー政策の根本的な方向転換とは言えない。

シュレーダー政権時代に決めた脱原発という決議を、与野党の関係から現在の政権が疑ったことはない。昨年の秋、かなり激しく議論されたのも、単に運用期間の延長という問題にすぎなかった。

国際レベルで見た場合、ドイツは今後、開拓者の役割を果たしていくことになる。エネルギー政策の切替えは、国家レベルの問題であり、膨大な費用がかかる。

唯一の重要な産業国として、ドイツは初めて短期間で原子力のない電力供給への転換に取り組もうとしている。

●ハンガリーの Nepszabadsag　危ないとされている原子力発電なしで、ドイツはヨーロッパで模範となる産業国として生き残る可能性がある。将来性のある国だ。しかしながら、2022年まで、あと2つの政権が登場し、今回の決断を覆す可能性がある。その確率が高く現れるのは、特に電気料金が高くなった場合と、電力不足が発生した場合だ。

●イタリアの La Repubblica　またやった！ヨーロッパのナンバー1であると同時に、世界のナンバー4である産業大国ドイツが、初めて脱原発を決めた。

この決断が成功する見通しは明るい。市民の過半数が賛成している。また1998年以来、長期間にわたる原子力離れが起こっている間に、ドイツ産業のエネルギー効率は48％アップした。

世界市場で、Made in Germany は競争力において原子力依存のフランスを凌駕した。

●ブルガリアの 24 Tschassa　これは確かに21世紀の革命だ。最も大きい産業国であり、ヨーロッパで最も重要な経済国であるドイツは、最終的に原子力発電を廃止することを決断した。

これは予想外で、ロマンチックかつ例のない考え方の切替えだ。根強く原子力発電に反対だった人が、まず原子力発電廃止計画に懸念を表明したことは不思議だった。

ドイツがこれから原子力で発電した電力を他国から輸入しない限り、現在の決断は、ドイツが自国の技術を完全に改善する強力なステップになるということだ。

◯脱原発に対する反対意見の背景

ドイツでも電力会社の脱原発に対する反対は、ある程度予想されたことである。それ以外に、ここで紹介したドイツ以外のヨーロッパ各国の新聞記事を見ると、それぞれの立場から様々な反応があることは興味深い。

イタリアのような楽観的な国もある。それ以外の国からは、ドイツ単独で脱原発を実施するなら、単なる興味深い出来事として受け取ることができるが、隣国として影響を受ける立場になると、複雑に利害が絡んでくることに対する懸念を読み取ることができる。

ＥＵ国間では国境を越えて、送電網によって電力を融通し合うつながりを強化している。そのことを考えると、この決意をドイツ単独のこととして客観的に評価している場合ではないという懸念もある。

電力最大手のＥ・ＯＮは既に１万人以上のリストラを発表した。電力料金の値上げによる影響を直接的に受ける大手化学会社も生産拠点を他国に移すことを考えている。

再生可能エネルギー関連の産業が脱原発への方向性を歓迎している一方で、こうした動きにより産業が競争力を失ってしまうことへの不安はドイツにも根強いのである。

4 脱原発とユーロ危機、欧州送電網計画

東日本大震災に伴って起こった原子力発電所の事故を受けて、日本では原発推進か、脱原発かといった二者択一的な議論が展開されている。その中で、脱原発を選択した国として、ドイツが最も有力な事例として取り上げられている。

一方、ＥＵにおけるユーロ危機問題も、日本では日々報道されている。問題なのは、そのこととドイツの脱原発の決意と絡み合いが考えられていないことである。

財政危機に陥っているギリシャをめぐり、最大支援国であるドイツにとって、ユーロ危機は最大の政治課題であるとともに、脱原発と切り離して考えない方がよい問題である。

エネルギー政策について日本でドイツの例を参考にするなら、二者択一的な議論から脱してより広い視野で考えてみる必要がある。

こうした問題について、日本国内の議論とは違った角度から、脱原発に向かうドイツの事情を対談形式で紹介する。

以下で、Ｎは日本人である中野、Ｆはドイツ人であるフォイヤヘアトの発言である。

○「脱原発を選択したドイツ」の受止め方

Ｎ：日本では、原子力発電推進か脱原発か、どちらに賛成ですかといった議論が中心になっています。その中で、脱原発派の有力な事例としてドイツが紹介されています。

また、新聞やニュースでも、エネルギー問題とユーロ危機の問題は個別に扱われています。たとえば、新聞でも扱っている紙面が違います。そして、両者を関連づけて解釈した情報や論説などはほとんどないといった状況にあると思います。

こうした日本の受止め方について、どのようにお考えでしょうか？

Ｆ：たとえば**図３・１**を見てください。日本での受止め方の問題の第一は、図の左側に見るように、エネルギー政策は国の根幹に関わる問題であるにもかかわらず、「原発推進か脱原発か」という二者択一的な選択を求めていることです。

これは、とても単純な解釈であると思います。

第二には、図の右側に見るように、ユーロ危機の問題の中で、金融政策とそれぞれの国の経済政策（または財政政策）が区別されずに議論されていることです。

EUとしてはユーロを共通通貨として何とか維持しようと努力していますが、これは金融政策と言えます。

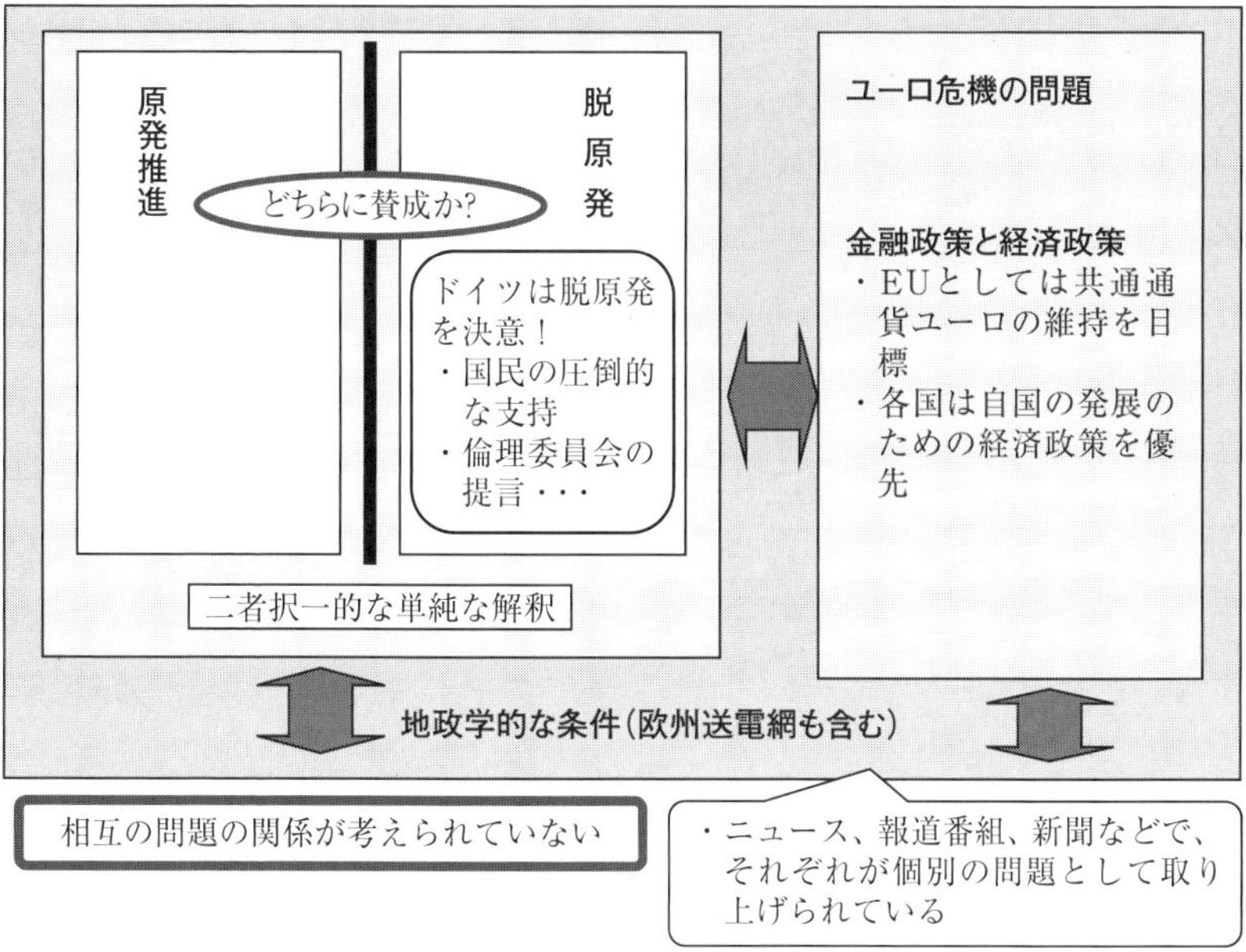

図 3.1　日本における受止め方の問題点

一方、ギリシャのように、それぞれの国はどんどん国債を出して自国の発展のための経済政策を進めてきたわけで、金融政策と経済政策の矛盾が今日の問題となって顕在化していると言えます。

日本では、こうした問題が個別に扱われて関連づけられていないか、または混同されて解釈されているという問題があると思います。そして、ドイツは島国である日本とは地政学的な条件が全く違います。

ですから、第三の問題としては、エネルギー問題、ユーロ危機の問題、地政学的な背景が、相互に関連づけて解釈されていないことがあると思います。

◯メルケル政権が遭遇している問題点

N：メルケル首相が脱原発という方針を決められたことに関してはいかがでしょうか？

F：ドイツが世界に先駆けて、エネルギー政策の方向性を示したという点では非常に意味があると思います。

しかし、ドイツではシュレーダー政権の時から脱原発の方向性は既にあったわけですから、メルケル首相が日本の福島原発事故をきっかけに、突然、新たな決意をしたというわけではありません。いわば、ドイツでは水をまけば芽が出るという培養土は既にできていたわけです。

　また、これまでの歴史的な経緯を非常に簡単に説明しますと、ヨーロッパを共通の文化圏として成立させるためのアイデンティティとしてユーロという共通の通貨を導入したわけです。

　ドイツではドイツマルクを廃止しなかった場合、旧連合国イギリスとフランスが、東西ドイツ統一に賛成しなかったと

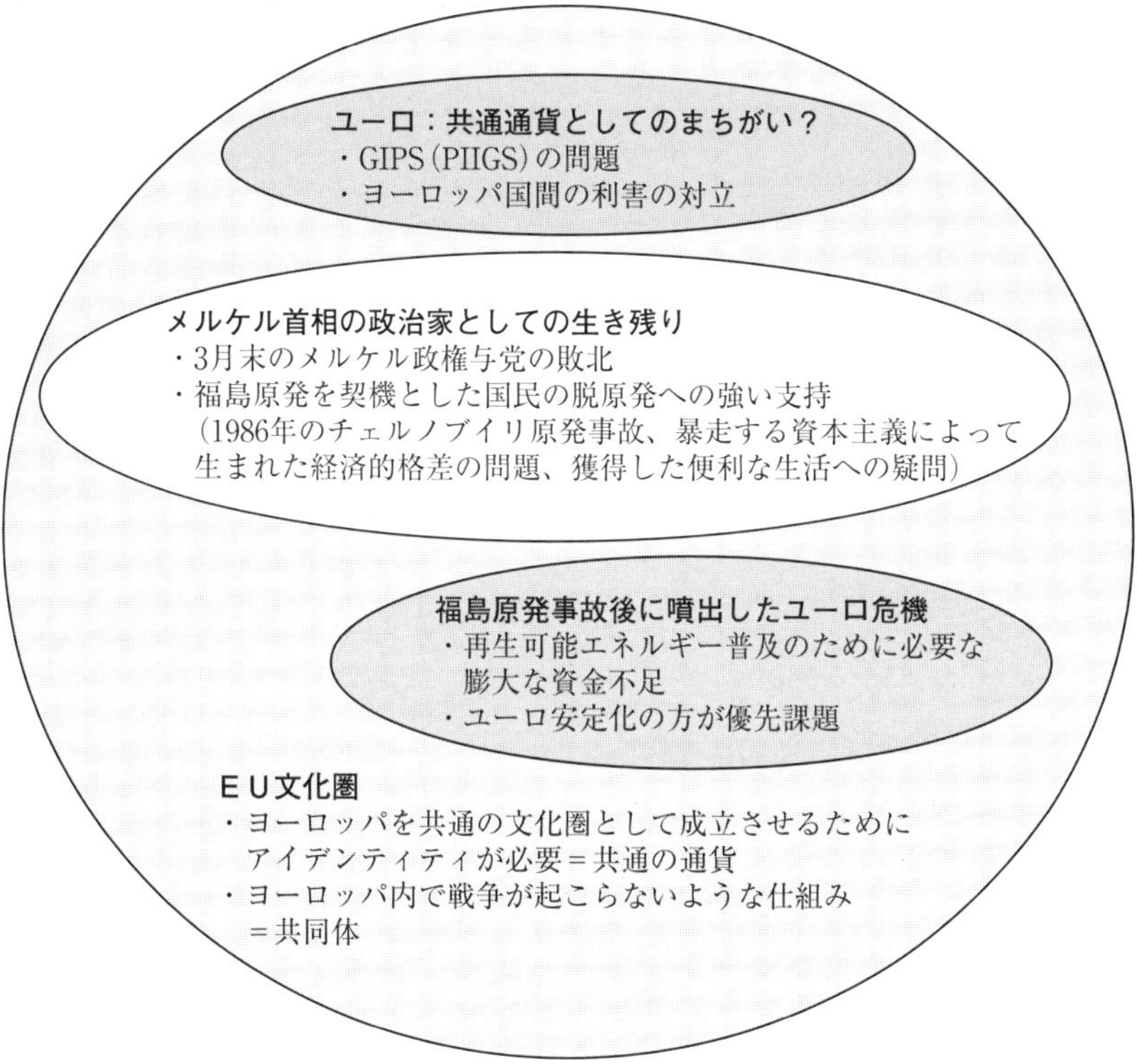
ユーロ：共通通貨としてのまちがい？
・GIPS（PIIGS）の問題
・ヨーロッパ国間の利害の対立
メルケル首相の政治家としての生き残り
・3月末のメルケル政権与党の敗北
・福島原発を契機とした国民の脱原発への強い支持
（1986年のチェルノブイリ原発事故、暴走する資本主義によって生まれた経済的格差の問題、獲得した便利な生活への疑問）
福島原発事故後に噴出したユーロ危機
・再生可能エネルギー普及のために必要な膨大な資金不足
・ユーロ安定化の方が優先課題
ＥＵ文化圏
・ヨーロッパを共通の文化圏として成立させるためにアイデンティティが必要＝共通の通貨
・ヨーロッパ内で戦争が起こらないような仕組み＝共同体

図 3.2　ドイツ・メルケル政権の抱えている問題

いう厳しい取引きへの思い出が、ドイツ国民の頭に残っています。同時に、ヨーロッパ内では、戦争が起こらないような仕組みとして共同体を構築してきたわけです。

図3・2を見ますと、現在のメルケル政権が抱えている問題として、第一に共通通貨を導入したことに間違いがあったのではないかという疑問があります。

日本では財務的に弱いとされるEU加盟国を総称して、PIIGS（ポルトガル、イタリア、アイルランド、ギリシャ、スペイン）と呼んでいます。ドイツではGIPS（アイルランドは含まない）と呼んでいます。つまり、日本でいうところの石膏でつくられたギプスのように脆いという意味です。

こうした国々の問題、そして先ほどのそれぞれの国の利害の対立もあって、共通通貨ユーロが試練の時を迎えていると言えます。

また、2011年3月末には、州選挙でメルケル政権与党が敗北したということもあり、メルケル首相も政治家として生き残るための試練の時を迎えているという事情もあります。

EUの経済的な基盤を強化し、財政的に弱い国を救済してユーロを維持するためには、ドイツで世界を先導するような新しい産業を興す必要があるわけです。

◯ 新しい社会基盤の構築を模索するドイツ

N：1986年のチェルノブイリ原発事故以来、ドイツでは国民から脱原発への強い支持があると伺っています。そういったドイツ国内の雰囲気という点ではいかがでしょうか？

F：チェルノブイリ原発事故がドイツ国民に与えた影響は非常に大きかったと思います。しかし、それ以外の大きな背景もあると思います。

他の先進国と同じように、ドイツでも実体経済とかけ離れた金融バブルが起こり、金融機関が政治を大きく左右するようになりました。ドイツでも大手4銀行が力を持ち、政治主導で国の方針を出すことが難しくなっています。

こうした状況の中で、戦後、ドイツが目指した社会福祉が整った市場経済のほとんどが2000年以降、実現されにくくなっていることが認識され始めています。福祉が行き届かなくなった結果として、自由市場により格差が広がり、経済は減速し、深刻な社会不安が広がっていることに対して、資本主義の概念を立て直すべきだという著書[6、7]を出している政治家もいます。

つまり、裕福な層のみが豊かさを得られるようになっている現在の社会に対して、大型プロジェクトによる新しい社会づくりが必要なのだという政治的、社会経済的な潜在的背景があるということです。

N：日本では原子力発電推進か、脱原発かという二者択一的なエネルギー政策面のみからドイツの事例が紹介されています。しかし、それだけではなくて、ドイツではもっと大きな背景が潜在的にあった中で、社会再生のための手段として再生可能エネルギーへの転換を位置づけているということですね。

F：そうだと思います。もちろん、ドイツ国民や倫理委員会の提言として再生可能エネルギーを選択したということはあります。しかし、メルケル政権としてはエネルギー源をどちらに求めるかという狭い切り口ではなく、政治、産業界全体も含めた社会全体として戦後から続いてきた時代に区切りをつけ、新しい政治の流れをつくって、次の時代の扉を開こうとしていると考えられます。

それは、これまでの「暴走する資本主義」の概念を立て直すことまでも含む大きな産業基盤をつくるという流れをつくることを意図していると考えられます。

N：先ほど、ギリシャの債務危機の問題というお話がありましたが、このことは新しい流れとどのような関係になってくるのでしょうか？

F：現在の国際的な経済社会は、分業によって成り立っています。たとえば、ある国は原料を輸出して国の経済を支えています。それを輸入した国は製品を生産して輸出し、その利益で国の経済を支えています。

ギリシャの場合、今後、ドイツから受けた経済支援をどのように返していけるかという問題があります。観光産業はありますが、輸出産業の基盤がない国では借金を返すことは難しいわけですから、支援したドイツからすると経済的にはかなり苦しい立場に立たされることになります。

実際に、連邦憲法裁判所でドイツの経済学者が国を相手どってギリシャへの支援が許されるのか、という訴訟を起こしました[3〜5]。判決は既に示されましたが、必ず、議会の承認が必要とされることになりました。つまり、内閣のレベルで膨大な融資金額を決めることはできなくなりました。

そういった経緯はあるものの、債務危機に陥っている国を助けなければ、今度はユーロ圏そのものが揺らぐというもっと大きな問題を招きかねません。

EUでは、ギリシャ以外にもイタリア、スペインも同じような状況に陥っており、深刻なユーロ安を招いています。今後、ユーロ圏はかなり不安定な状態に陥る可能性があります。ユーロ圏の経済を支えながらドイツとしても成長するには、新しい産業の先導的な立場を確立する必要があります。

N：つまり、ドイツは新たなツールによってこれまでとは違った基盤をつくろうとしている、いわば、これまでとは違った新しい栄養素を含んだ培養土によって新しい社会基盤をつくろうとしていることですね。

その重要な柱が再生可能エネルギー関連の技術、産業だということですね。

そういった意味では、日本の受け止め方は一面からしか見ていないということになりますね。

F：そう見えます。

そうした大きな流れ、背景を理解せずに単に原子力か、再生可能エネルギーかという議論に陥ると、日本の社会、産業全体としても視野の狭い中で間違った選択をしてしまうことになるのではないかと思います。

◯　脱原発とユーロ危機、欧州送電網計画

N：ところで、噴出してきた問題の順序から言いますと、メルケル首相が脱原発を決意された時には、まだユーロ危機の問題は、明確な形としては表面化していませんでした。

つまり、脱原発の決意表明時には、ドイツでもユーロ危機問題がこれほど大きな課題として噴出してくるということは明確には認識されていなかったと思います。

日本でも、２０２０年代初期までの再生可能エネルギー２０％という目標でさえ、数兆円以上の設備投資が必要と言われています。ＥＵ全体として金融問題が噴出し、経済的な問題を抱える国が次々と顕在化する中、ドイツの掲げる目標は本当に実現可能なのでしょうか？

F：確かに、メルケル首相が脱原発を決意された時点では、ユーロ危機の問題は明確な形としては表面化していませんでした。しかし、銀行など金融機関では、既にストレステスト（危機に対してどこまで耐えられるかというテスト）は行われていました。

現在は、ドイツにとって、ユーロ危機問題を脱出することの方が優先課題であると思います。再生可能エネルギー産業を興すためには、まず設備投資が必要です。財政的に弱い国の支援に莫大な資金が必要なわけですから、その余裕はないと思います。

また、電力が足りなければ、8割近くを原発で賄っているフランスから電力を輸入できるということが日本でよく言われているようですが、ドイツがフランスから輸入している量は消費電力量の数%に過ぎません。そもそもフランスとの電力は「相互融通」が基本であり、必要な時はやりとりしているものです。

「相互融通」という点では、ドイツは電力の輸出もしています。

今後、再生可能エネルギーでやっていくことになると、恐らく国内の電力需要を賄うレベルでしか発電できなくなると考えられますから、別の形で輸出する産業を育てることが必要です。ドイツの高級車は有名ですが、自動車の分野では日本をはじめ、中国やインドが活躍するようになるでしょうから、それ以外の輸出産業を考えていかなければなりません。

N：ヨーロッパは日本と違って、大陸の中に地続きで複数の国が存在しているわけです。いわゆる大規模なスマート・グリッド、欧州送電網を通して電力を融通し合えることは、今後の再生可能エネルギーの普及にとって有利ではありませんか？

F：確かにそういった条件は、島国である日本とは全く違います。

しかし、トータルとしての発電量が確保されたとしても、送電網が安定的であるかどうかという問題があります。

送電による電力網への負荷を安定的に維持するためには、高圧ケーブルの増設が必要です。これらの設備の建設には景観破壊などが問題となり、住民からの強い反対が実際に起こっています。たとえ、北海とバルト海に大規模な風力発電所を建設したとしても、送電するための高圧ケーブルを建設することができるのかどうかは、コストや住民からの反対運動の点で問題があると思います。

○ 条件の違いの認識が必要

N：日本は、まず海外にモデルを求めるという傾向があると思います。

先ほど、ドイツが新しい栄養素を含んだ培養土によって新しい社会基盤をつくろうとしているということですね、と申しましたが、私はドイツの培養土が必ずしも日本の条件に適するかどうかわからないので、日本は日本の条件をよく考えた培養土で基盤をつくって新しい時代を築く必要があると考えております。

今回の日本で起きた原子力発電所の事故によって、原子力発電の危険性を目の当たりにしました。ですから、原子力発電の安全性については徹底的に究明しなければなりません。

しかし、一方で、日本は激しい自然の変化、たとえば今回の地震、津波、そしてたとえば年によっては10回以上も台風が上陸したということもあるわけですから、太陽光パネルを設置した住宅、あるいはメガソーラー施設、風力発電施設が被害を受けることも考えられるわけです。

そうすると、認識されている天候に左右されるという要素以上に、発電の不安定要素は高いということになりますね。

ドイツでは日照時間は日本よりも少ないかもしれませんが、地震、台風はほとんどないといってもいいぐらい少ないですよね。

F：ドイツでは地震はほとんどありません。竜巻は増えているという傾向はありますが、台風の経験もありません。

また、日本では再生可能エネルギーだけでやっていくという意見が多くなっているようですが、ドイツでは自動販売機もコンビニエンスストアもない暮らしが当たり前です。

ドイツは日本より高緯度なので、年間を通して気温が低いということはありますが、一般家庭では、夏にエアコンも使っていません。

最近は夏の気温がかなり高い日もあるので、必ずしもそうとは限らないとは思いますが。ヨーロッパ旅行された方はわかると思いますが、ヨーロッパでは相当暑い日でも公共交通機関でもあまり冷房していません。

そうした中で、ドイツが再生可能エネルギーでやっていくと言っているのに対して、日本でそういった生活に本当に堪える覚悟があるのかという面があると思います。

たとえば、日本において短期間で大胆に再生可能エネルギーのみに切り替えていくということは、「電力供給が少ない日には、手で洗濯する覚悟がありますか」ということです。

産業に与える影響ばかりが議論されていますが、国民全体に現実的な覚悟を伴った決意が必要だと思います。どれぐらいの期間をかけて、どれぐらいの割合を再生可能エネルギーに切り替えていくのか、それを国のエネルギー政策の工程として明確にしていく必要があります。

当然、産業面に関しても、日本でもエネルギー問題を円高と関連づけて考えていく必要があります。円高の状況下でエネルギーを節約しながらニーズに合わせた生産をしなければならないわけで、特に中小企業にとって今後、深刻な問題になると予想されます。雇用にも多大な影響を与えると思います。

ドイツの決意を参考にするなら、エネルギー政策以外のＥＵの抱えている背景をもっと理解したうえで、エネルギー政策のみにとらわれない、現在の経済社会を根底から変えていこうとしている時代の転換期とも言える大きな流れを理解する必要があります。

　また、もともとドイツ国民は日本のような便利な生活環境は求めていない、ということも現実的な問題として理解すべきです。

N：ドイツでは労働時間も短く、残業もほとんどない、有休休暇も充実していることは日本国内でも知られています。日本では祝日が多いということはありますが、ドイツにおける2週間以上夏休みはうらやましい限りです。その他ボランティア休暇なども保障されています。もちろん、ドイツの場合は、消費税も一般的に19％と高く、それ以外の税金も日本と比べてかなり高いわけですが。

　今回のお話を伺って意外だったのは、それほど福祉面の充実にがんばってきた国でも、自由市場の影響を受けて格差が広がり、資本主義の概念を立て直す必要性に迫られていることです。

　そういったエネルギー分野以外も含めた大きな時代のうねりの中で、再生可能エネルギーへの転換に向かっているドイツの選択の背景や目的を理解することが必要ですね。そのうえで狭い視野に捉われず日本の社会や経済の現状と将来性を展望したうえで独自の方向性を考えていく必要があるということですね。

5　EU構築の歴史と脱原発

日本国内のユーロ危機の問題に関する報道では、株式市場に与える影響、デフォルト（債務不履行）が起こる時期、債務国の危機克服のための対策、ユーロ圏市場の将来、欧州の経済危機が世界および日本に与える影響などについて述べられているものが多い。特にバブル崩壊後の日本経済やリーマン・ショック後に受けた経済への影響と比較して説明されているものが多い。

これらの取扱い方の問題の第一は、ユーロ危機が日本国内では「経済」または「国際関係」分野の枠内に限定して捉えられがちなことである。

第二は、ユーロ危機が「共同体」という組織の枠組みを背景として起こっていることがあまり認識されていないことである。

第三は、現在ヨーロッパで起こっている「ユーロ危機」、「ドイツの脱原発」、「欧州送電網」などのテーマが個別に扱われ、それぞれの絡み合いについて解釈しようとする考えが足りないことである。

ドイツの脱原発を考える時には、以下の点を認識しておく必要がある。

①政策としてはドイツ単独の決意であるが、その背景には、原発廃止に伴うエネルギー供給量不足へのリスクに対して、ロシアからドイツに天然ガスを海底パイプラインで輸送する「ノルド・ストリーム」の完成が視野に入っていたと考えられる。

また、日本と違って、欧州に張り巡らさせた送電網によって他国から電力供給を受けることが可能という条件も前提としてあったと考えられる。こうした共同体、国境が地続きという欧州特有の背景や条件が、日本とは決定的に違うこと。

②ドイツの政策的決断には、日本の原子力発電所の事故が影響を与えている。周知のように、ドイツの原子力発電廃止への方向性は既にシュレーダー政権の頃から明確にされていた。日本の事故以前は、むしろ「再生可能エネルギーへの転換」という表現に近いものであったが、事故以降は「脱原発」という強い決意表明となったからである。

③ユーロ危機は、政治家として緊急対策をとらなければならない、そして、同時に関係国間との調整を含めて正しい判断を求められる、より深刻な問題である。

ドイツは独立した一国であると同時に、相互依存関係にある共同体の中核国として、経済政策および環境政策を考えていかなければならないからである。

ここでは、こうした日本と異なる背景や条件に焦点を当てて考える。

○共同体として発展するために導入された共通通貨

●共同体構築の経緯

まず、共同体が構築されてきた経緯について概要を説明する。

欧州の統合は第2次世界大戦直後のドイツとフランスによる欧州石炭鉄鋼共同体（ＥＣＳＣ）の設立に始まっている。

これは、１９５０年5月にフランス外相ロベール・シューマンが提唱したもので、資源を共同で管理する組織をつくることによって、フランスとドイツの間で2度と戦争を繰り返さないことを目指したものである。石炭と鉄鋼は戦争に不可欠だからである。

翌５１年にはパリ条約で正式に設立されることになった。その調印に加わったイタリアと、ベルギー、オランダ、ルクセンブルクのベネルクス3ヶ国も含めた欧州石炭鉄鋼共同体の発足により、調印国間で石炭と鉄鋼の共同市場が創設されることになった。

共同体はその後、５０年代の欧州経済共同体（ＥＥＣ）を経て、現在の欧州連合（ＥＵ）につながる統合の基盤となった。そして、欧州諸国の貿易・資本、および労働力移動の自由化へと発展した。

こうして国と国の壁を少しずつ低くしていった。現在では２７ヶ国がＥＵに加盟し、約5億人の人口を持つ、アメリカに匹敵する規模となっている。

域内貿易の自由化の基盤として導入されたのが共通通貨である。共通通貨ユーロが導入されたのは１９９９年1月のことである。

通貨を発行する権利は、国の経済の基本である。そうした重要な権利を放棄してまで通貨統合に向かったのは、大小約５０もあったヨーロッパの国々による民族紛争により多くの人が犠牲になってきた歴史を乗り越えて、共同体としてグローバル社会に立ち向かうという目的があった。

ドイツについて言えば、それまでのドイツの通貨であったドイツマルクは、第2次世界大戦後の東西ドイツの分割が恒久的なものと考えられたこともあって、１９４８年に西側勢力によって導入された。

東西ドイツ統一後も、ドイツマルクはドイツとして発展する経済力および安定の象徴であり、固有の通貨は国民のアイデンティティとしての役割も果たしてきた。

そうした経緯があったにもかかわらず、ドイツがドイツマルクを廃止しユーロ導入に合意したのは、当時のミッテラン仏大統領が、統一後の「強いドイツ」を懸念し、統一条件の見返りに、コール独首相に通貨統合を強硬に迫ったからだと言われている。

貿易や旅行などの面で両替の手間が省けるようになったこと、商品価格がすべてユーロで表示されるようになったことなど、ヨーロッパが共同体として経済発展していくために通貨統合が果たした役割は大きい。

一方、ドイツ国民にとって東西ドイツ統一と引換えに固有の通貨を失ったことには、単に交換の手間が省けた利便性とは替えられないものがある。

日本で「円」を廃止して、「ドル」、「ウォン」、「元」など、他の通貨が導入されることになることを考えれば、国民感情に与える影響がどれほどのものかが想像できるであろう。

ユーロ導入後の金融の中心的役割を果たす欧州中央銀行（ＥＣＢ）の本拠地が、フランクフルトに決定されたのは、１９９３年１１月のことである。

候補地にロンドン、パリが挙がっている中で、当時のコール首相は強くフランクフルトを主張した。フランクフルトにはドイツ金融機関の中心であるドイツ銀行があり、その隣に欧州中央銀行（ＥＣＢ）を設立することによって、ドイツの考え方に沿って金融を安定化させるという期待があった。

また、ユーロ導入およびその金融の中核を担うことは、長期的な欧州の行方に大きな効果をもたらすと考えられたからである。

●共通通貨導入への批判

ユーロ導入に強く反対したのは、米国の経済学者フリードマンである。

同氏の主張は、ユーロは域内の為替相場を固定しており、各国の力を反映して動くことがないので、経常収支の自動調節力がなく、経済の弱い国は高い金利を払って国債を発行して財政赤字を賄い、国際収支の赤字をカバーせざるを得なくなり、それが限界に達すれば結局は国家が破綻するというものであった。

反対意見の中には、加盟国が通貨主権を欧州中央銀行（ＥＣＢ）に委ねると、独自の金融財政政策がとれなくなるというものもあった。

デフォルトの窮地にあるギリシャでは、ユーロ導入後の２００１年頃、交換レートは１ユーロ＝３４０ドラクマと決められていたにもかかわらず、多くの商店で１００ドラクマのものでも１ユーロで販売された。

そのため、物価は3倍程度になったという。収入はそれほど変わるわけではないため、国民の間では物価と給与を埋めるものとして出現した低利ローンが広く利用されるようになった。国民は借金による豊かな生活をさらに求めるようになっていった。政府も大国ドイツの後ろ盾があるユーロの信用を背景に、低利で国債を発行し借金を重ねていった。

こうして、家計も国の財政も、積み上げてきた借金を返せなくなっているのが、現在の状況である。これは、各国の力を反映することなく共通通貨を導入したことが突きつけている深刻な問題である。

関税なしの域内貿易の推進、両替なしの商品の流通の仕組みをつくったことは、共同体として発展するための大きな原動力になった。同時に、ユーロのお陰でグローバル化の波に乗れた面もある。

しかし、フリードマンが指摘したような問題を抱えたまま出発した共通通貨により、結局は大きな矛盾を表面化させている。

通貨のみでなく、経済規模、国民性、価値観が異なる複数の国々で、「一つの国を意味する共同体」を運営していくことは、メリットとともにデメリットももたらしている。

◯欧州送電網による電力供給

ドイツで脱原発により電力不足が生じても、原子力発電で得られた電力をフランスから輸入できるという情報がたびたび報道されている。逆に予想外の寒波に見舞われた２０１１年から１２年の冬には、ドイツからフランスに電力が輸出された。

このように、場合によっては隣国から電力供給を受けられるという条件は、ドイツが脱原発を決意できた一つの条件と考えられている。

隣国どうしの補完だけでなく、再生可能エネルギーについても、欧州では国をまたいだ送電網運用体制が構築されつつある。既に、北欧4ヶ国(ノルウェー、スウェーデン、フィンランド、デンマーク)では広域運用を図っている。

しかし、日本でも認識されているように、太陽光発電や風力発電など再生可能エネルギーの利用における問題には、電力供給量とともに品質の不安定性がある。

需要電力に対して供給電力を合わせていくためには、電圧や周波数を一定に保ち、いわゆる電力の品質を維持する必要がある。

欧州でも、電力供給の融通を可能にするには周波数の調整と同期化が絶え間ない課題になっている。

欧州では電圧が国によって異なっていても、50ヘルツは共通周波数になっている。しかしながら、周波数の安定化に関して、標準周波数に対する変動幅や変動頻度において各国の技術レベルの違いによって、RGコンチネンタル、RGノルディック、RGバルティック、RGUK(イギリスのみ)、RGアイルランドの5つの送電網地域に分けられている。

2011年後半の段階で、ドイツでは電力が余っており、風力発電機を空運転させている状態にある。大量の電力を需要に合わせて融通し合えるレベルにたどり着くまでには、高圧直流送電網を周波数の安定化技術の異なる地域間に張り巡らさなければならない。

太陽光発電や風力発電などは自然条件によって左右されることになるので、再生可能エネルギーが発電源として大きな割合を占めるようになると、供給側も変動しやすい。このことに対しても、高圧直流送電網がその調整の役割を果たすことが期待されている。

たとえば、太陽光にしても風力にしても、一国内では出力変動パターンが似たようなものとなってしまうので、枠を欧州に広げることによって、平準化効果をあげることが考えられている。

それでも平準化できない場合は、調整電源として能力の高い、水力および火力発電の活用が考えられていることもある。

つまり、大陸内で異なる自然条件を有する複数の国が隣接している条件を生かして、多様な電源構成をバランスよく組み合わせて、全体として電力供給の安定化を図ろうというものである。

こうした仕組みをつくることによって、再生可能エネルギーの受け入れ余地を拡大しようとしているのである（**図３・３**）。

さらに、送電網を欧州という広域で、一体的かつ中立的に運用するには電力会社から送電部門を分離する必要がある。

この目的を遂行するために、１９９６年のＥＵ電力指令において、域内発電分野への競争導入、発送電機能の分離が定められた。つまり、発電事業を競争原理下に置いて、公正な競争を実現するためには、送電線への自由なアクセスを担保する必要がある。

その手段として発電と送電の分離が行われたのである。

エネルギー源の一つである天然ガスについては、既に述べたように、ロシアからバルト海底経由でドイツに輸送する欧州向けパイプライン「ノルド・ストリーム」が２０１１年１１月に稼働し始めた。

さらに、過度なロシア依存への警戒から、現在、中央アジアからロシアを迂回してガスを調達するパイプライン「ナブッコ」の建設も計画されている。

欧州内での送電網計画については、高圧ケーブルの増設に問題があるなど、必ずしも計画が順調に進んでいるわけではない。しかし、ドイツでは、日本と違って、エネ

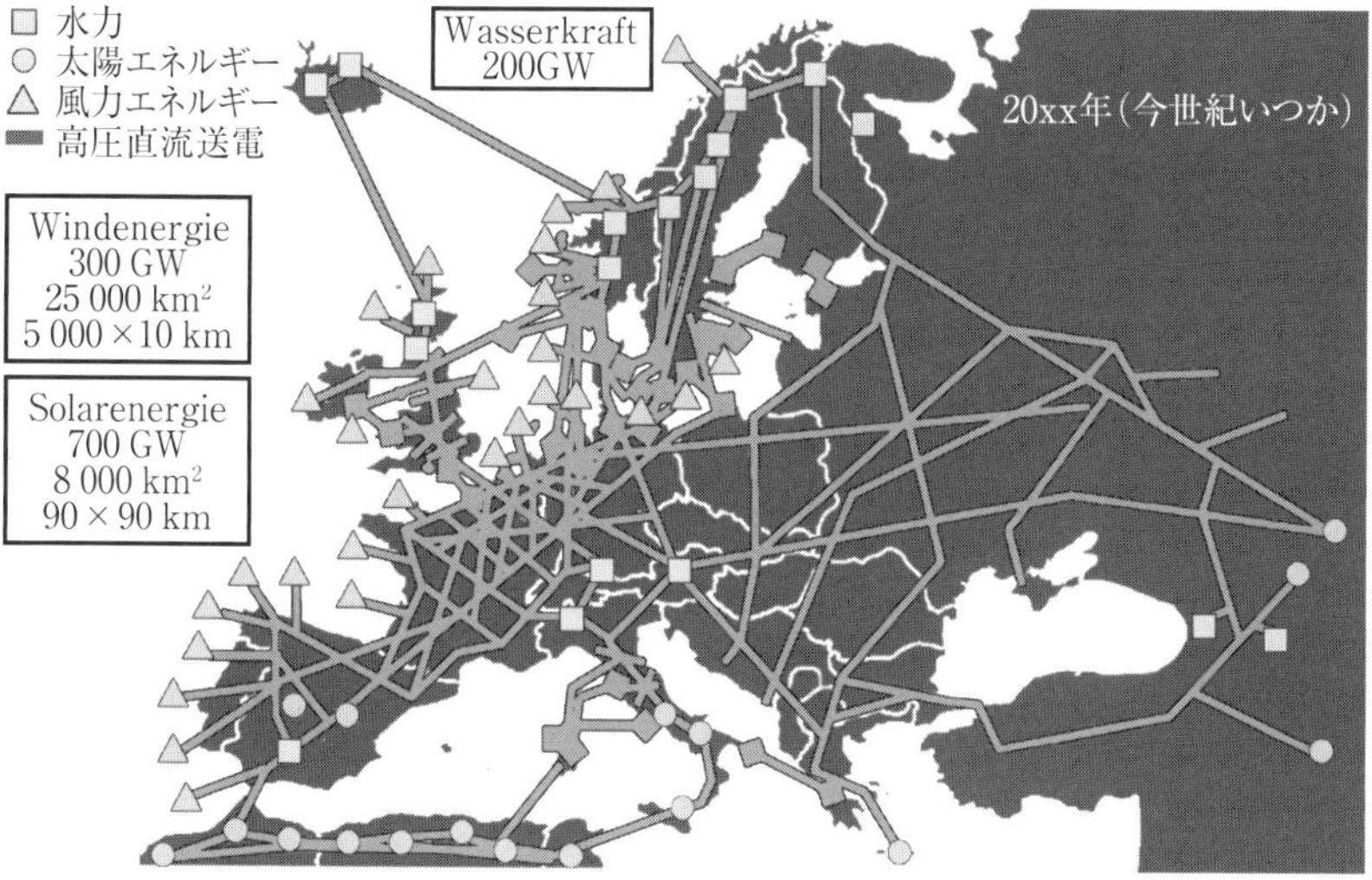

図 3.3 欧州送電網（未来図）出典：Volker Hinrichsen: "Elektrische Energieversorgungsnetze - von Smart Grids, Verbundsystemen und Fernuebertragungen", Energy Center, TU Darmstadt, Energiekolloquium 2010.2.8

ルギーを安定的に確保する何重ものセーフティネットのもと、脱原発が計画されている。

○倫理委員会が果たした役割

ドイツの脱原発への意思決定における特徴の一つは、メルケル首相によって急遽招集された諮問委員会である「安全なエネルギー供給に関する倫理委員会」の提言書が、「節目」としての役割を果たしたことである。

委員会のメンバーは、社会学者や哲学者、宗教関係者など、原子力とは無縁の知識人が大半で、ドイツの教会関係者が３人参加している（**表３・２**）。

倫理委員会を設置したのは、「科学と倫理」のバランスをチェックし、技術の進歩が道徳や倫理に触れないかどうかを問うことが、きわめて重要な課題となっている、と考えられたからだという。

倫理委員会では技術のみでなく、広く社会学者や哲学者の意見も聞いてエネルギー政策の将来についての議論が行われた。特に、原子力リスクを技術面だけではなく、社会全体として議論した成果は大きい。

結果的に、メルケル政権は、倫理委員会の提言内容をほぼ全面的に受け入れ、提言書が発表されてからわずか1週間後の6月6日には、原子力全廃を閣議決定した。

表 3.2 ドイツ「安全なエネルギー供給に関する倫理委員会」委員

委員名	専門・所属など
ウルリヒ・ベック	元ミュンヘン大学の社会学教授、リスク社会学が専門
クラウス・フォン・ドナニュイ	SPD，元連邦教育大臣
ウルリヒ・フィッシャー	バーデン地方・プロテスタント教会監督(司教に相当)
アロイス・グリュック	CSU，ドイツカトリック中央委員会の委員長
イェルグ・ハッカー	ドイツ自然科学アカデミー会長
ユルゲン・ハンブレヒト	化学メーカー BASF 社長
フォルカー・ハウフ	SPD，元連邦科学技術大臣
ヴァルター・ヒルヒェ	FDP，ドイツ・ユネスコ委員会の委員長
ラインハルト・ヒュットル	ドイツ地学研究センター所長・技術科学アカデミー会長
ヴァイマ・リュッベ	哲学者、ドイツ倫理審議会・会員
ラインハルト・マルクス	ミュンヘン・フライジング教会の大司教
ルチア・ライシュ	経済学者、コペンハーゲン・ビジネス・スクール教授、持続可能な成長に関する審議会の委員
オルトヴィン・レン	社会学者、リスク研究家、バーデン・ヴュルテンベルク州の持続可能性に関する審議会の会長
ミランダ・シュレーズ	政治学者、ベルリン大学の環境政策研究センター所長
ミヒャエル・ヴァシリアディス	SPD，鉱業、化学、エネルギー業界

＊　委員長は、クラウス・テップファー(CDU，元連邦環境大臣)とマティアス・クライナー(ドイツ研究連盟会長，ドルトムント技術大学教授，金属工学)

ドイツ政府が倫理委員会を設置して、意見を求めたのは今回が初めてではなく、これまでにも科学技術が道徳や倫理に抵触する可能性がある場合には、学識経験者を集めた倫理委員会に提言を求めたことがある。

しかし、通常、倫理委員会は臓器移植や動物実験、遺伝子テストなど、医学に関するテーマを扱う諮問機関という役割を果たしてきたことから考えると、今回の措置は異例とも言える。

倫理委員会のメンバーには、原子力に批判的な人々が目立つ。たとえば、「リスク学」の権威として日本でも有名なウルリヒ・ベック教授は、原子力に批判的な内容の著作を発表していたことで知られている。もちろん電力会社の人は入っていない。

こうした政策決定のプロセスについては、別の見方をすれば、客観的な判断プロセスを加えることによって、メルケル政権の決意が単独ではなく、社会全体の判断であったという印象を与える口実であったとも考えられる。

つまり、ドイツにおいて「脱原発」は、水をまけばすぐに芽が出る状態になっていた状態の中で、いったん廃止時期の延長を決めたメルケル首相の脱原発への決意を、倫理委員会の提言でより客観的に裏づけたと考えられる。

付け加えれば、倫理委員会における政策的な意思決定において日本と異質なのは、委員として宗教関係者が参加していることである。日本で、政策的意思決定プロセスで宗教関係者が果たす役割を理解することは難しい。

ドイツでは、こうした委員会に宗教関係者が参加することは珍しいことではない。キリスト教が、文化やモラルの根底として関わっているということ以外に、フランス革命が起こるまでの中世期において、キリスト教の司教が政治的な権力者だった歴史があるからである。

現在、宗教関係者が倫理委員会で果たしている役割は、理念にかなっているかどうかを客観的立場から判断するという意味あいが強い。

ドイツの脱原発政策を解釈するに当たっては、倫理委員会の提言がメルケル政権の示した方向性を客観的に後押ししたこと、倫理委員会の委員に宗教関係者が入っていることには歴史的な経緯があることも認識しておくべきである。

○日本との違い

2011年11月末、共同体としてのEU執行機関である欧州委員会では、域内原発の共通安全基準の設定に加え、事故に備えた緊急計画、事故時の賠償の枠組みを含む法整備の検討に乗り出すことを表明した。

国境が地続きである欧州では、原発1ヶ所で事故が起きた場合でも国境を越えて被害が広がるリスクが大きいからである。

この法整備に関しては、たとえば、原発冷却用の予備電源を複数の国で迅速に融通し合う緊急計画や、一元的な監視・情報収集を担う「ＥＵ原子力緊急センター」の創設案も示されている。

こうした対策面からもわかるように、一国で考えていかなければならない日本と、共同体を背景に持つ国では根底から異なる面がある。

日本人の視点からは、通貨の統合、エネルギー供給に関する相互依存、サマータイム制度の維持に見られる時間制度の共有を含めた物流と金融の流れの効率化は、共同体として発展していくための要素でもあったと考えられる。

そのことは、ドイツの元環境大臣であり、倫理委員会の議長を務めたテップファーの、ドイツ国内の新聞記者との会話[10]からも読み取れる。

「原子力技術を応用する先進国の中で、ドイツは原子力技術には将来性がないという各政党にわたるコンセンサスが存在する唯一の国です。したがって、原子力技術の応用を終えなければなりません」。

「隣国とヨーロッパ全体の送電網との連結ならびに、これからのエネルギー供給を考えることは間違いなく重要です。しかしながら、自分をだましてはいけません。原子力なしで安定的、かつ輸出産業促進型の国家経済の発展を代替エネルギー技術で実現することは可能だということを証明する必要があります」。

「ＥＵ原子力センター」の創設案と、「原子力技術には将来性がないという各政党にわたるコンセンサスが存在する唯一の国」という発言内容を考えても、日本人の視点からは、ＥＵにおける「一国における未知の可能性への挑戦」が、共同体という補完システムの上に成り立っていることを見逃せない。

エネルギー供給のみでなく、地球環境問題、安全保障問題を含めると、なお慎重さが求められるのである。

ドイツの脱原発への方向性は、むしろ、ドイツ国民にとって、改めて決意する必要がないほど、違和感なく受け入れられていることは既に述べた。

しかし、メルケル政権の今回の決意では、それに加えてユーロ圏維持という要素が加わっている。そこには、同時に再生可能エネルギー関連産業によって世界最先端を目指すとともに、安全・安心を基本とした新しい価値観の創造、ユーロ圏の維持への強い決意がある。

そして、ドイツはその中核国として、一国としての役割や責任に配慮しながら、国として独自の方向性を打ち出したと考えられる。

ドイツの決意は、日本にも強いインパクトを与えている。

しかし、それを参考に日本の方向性を考えるに当たっては、①ＥＵという共同体としての目標と政策を理解すること、②ドイツがその中核国であるから可能なことと、共同体であるから受ける負の影響、③文化やモラルそのものの基盤にキリスト教が強い影響を与えている国における「倫理」の意味、④共同体の中での利害関係に配慮しながらドイツ一国としての方向性を示していること、を理解する必要がある。

○共通通貨導入までの諍《いさか》い

ＥＵ域内の貿易自由化の基盤として、共通通貨ユーロが導入されたことは既に述べた。ここでは、導入までのいきさつを、さらに詳しく紹介する。

ユーロは１９９９年1月1日に決済用仮想通貨として導入されたが、この時点では現金のユーロは存在しなかった。

初めて現金通貨としてのユーロが発足したのは、３年後の２００２年1月1日のことである。この時点で、ユーロは導入国の従来の通貨に替わって法定通貨となった。

ユーロは準備通貨としてはドルの次に重要な地位を有していたが、２０１１年から表面化したユーロ危機により、その存続すら危ぶまれている。

ユーロ導入時、ドイツは経済発展の象徴でもあったドイツマルクの廃止に消極的だったが、国民には東西ドイツ統一と引き換えに犠牲にしたという共通の思いがある。

一方、フランスではユーロ導入直前まで、フランス革命前まで使われていた銀貨エキュ(écu)

と似たEcuを共通通貨の名称にすることを強く支持してきた。

複数国で構成される共通経済圏をつくるために、通貨を統合することは想像以上に大変なことである。

為替レートを固定制に導くための作業が困難であるだけでなく、国としてのアイデンティティに関わるからである。ヨーロッパでも共同体として共通通貨ユーロを導入する際にはかなりの軋轢を経験してきた。

●共通通貨導入に関する軋轢

以下に紹介するのは、「ユーロという通貨の名がEcuではない理由」というタイトルの記事(２０１１年1月25日付け)〔11〕の内容である。これは、オーストリアの大手新聞 Die Presse に掲載されたものである。

ここで、Ecu(European Currency Unit)とは、ユーロに先立ち、１９７９年3月１３日から１９９８年１２月３１日までの間、ヨーロッパ共同体(ＥＣ)および欧州連合(ＥＵ)で使われていたバスケット通貨である。エキュ、またはエキューと発音される。

通貨バスケット制は、自国の通貨を複数の外貨に連動したレートにする固定相場制のことである。Ecuがこの記事でキーワードとなっているのは、それがフランスで革命前まで使われていた銀貨エキュ(écu)と似ていたからである。

●ユーロという通貨の名はEcuではないのか

ユーロがヨーロッパの通貨の名称となったのは、1995年に開催されたマドリードでのEU首脳会議以降のことだが、みんなはこの名称を魅力的だとは思っていない。

ユーロが受け入れられるまでには、まずフランスの抵抗を取り除く必要があった。1993年の欧州連合の創設を定めたマーストリヒト条約調印という節目は、新しいヨーロッパ通貨の出発の幕開けであるだけでなく、新しい通貨の名称をめぐる諍いの始まりであった。当時まで、単なる計算単位として使われてきたEcuは、特にドイツの財務大臣ヴァイゲルと、オーストリアの財務大臣シュターリバッハからあまり賛同されなかった。

ドイツ人は経済成長の象徴となってきたドイツマルクを簡単に捨てる気持ちはなかった。つまり、ドイツ人はEcuを単にEuropean Currency Unit、つまり為替レートに合わせて換算するための単位としてしか考えていなかった。

当時、オーストリアの中央銀行の総裁シャウマイヤも、「ヨーロッパには共通の通貨が生まれてくるが、それはEcuではないようだ」と述べている。

この発言は、名称に関する諍いの解決は、Ecuのように国民の神経をいらいらさせるものでなく、賛同を得やすいボトムアップ的なものであるべきだという意味である。そうすれば、民主主義的な決断ができるというものである。

●Ecu はフランス人を自己満足させるもの

「対立する概念」[12]という共著本によると、ヨーロッパで１９７９年に設立されたヨーロッパの共通通貨システムと同時に、Ecu という名称も生まれていた。

しかし、この名称は伝統を重んじるフランス人を自己満足させるためのものである。なぜなら、頭文字はフランスで１２６６年から１８０３年まで使われたフランスの通貨 écu と同じだったからである。

既に１９８０年代、ＥＣ委員会の議長とドイツ政府は、ECU/Ecu の語源に対して、意味論的な戦いに入っていた。

１９８６年2月に調印したヨーロッパにおける契約時に、ドイツは die ECU (die は女性名詞を表す)を認めるよう要求した。7年後、マーストリヒト条約に調印した時には、議長はドイツ語の契約文章に der Ecu と書くように工夫したが、ドイツ政府は簡単には認めなかった。

筆者注：フランス語の le と la のように、ドイツ語の冠詞 der と die と das は名詞に合わせて重要な役割を果たす。

ほとんどの場合、名詞の冠詞は決まっており、勝手に変えることは不可能である。ドイツ語の環境の中で大きくなる子供は、「母乳を飲みながら」ごく自然に冠詞を身につけることになっている。

「キモノ」のような外来語を使う場合にも、冠詞は不可欠である。ドイツ語ではキモノは男性名詞であり、der Kimono の形で文書の中で使われている。ほんの僅かの数の名詞は2つの冠詞を持っている。典型的な例としては der Teil（部分：男性名詞）と das Teil（部品：中性名詞）が挙げられる。

ある意味では、冠詞は漢字のような役割を果たしていると考えてもよい。たとえば、日本語の「あげる」には少なくとも3つの漢字の書き方「挙」、「上」、「揚」が存在するが、意味によって他の漢字を使えないように、ドイツの冠詞は使い方が厳しく決まっている。

長引いた交渉を経て、双方の契約対象者は通貨の書き方について、違った書き方を使うことを承諾した。その結果、ドイツ政府は既に印刷されていたドイツ語の文章をすべて書き直してから印刷した。

名称だけでなく、通貨として最も重要な硬貨の合金の作り方も諍いの種になった。ドイツは偽造を防ぐため、数層からなるサンドイッチ方式を主張した。それに対してフランスは「単なるドイツの経済を支える言い訳」だと応戦した。

なぜなら、サンドイッチ方式の硬貨の製法は、ドイツのエッセンにある長い歴史を持つ重工業企業クルップ（Krupp）社が開発した技術だったからである。フランスと他の加盟国は、フランスの10フラン硬貨と同じような硬貨の導入を主張した。

諍いはまだ終わらなかった。

次の問題として、ヨーロッパの通貨の名称をEuro-Franc、Euro-Taler、Euro-Dollar、Euro-Pound、Euro-Pesoのどれにするかを巡って、各国がそれを支えるための様々な歴史的理由を探し始めた。なぜなら、ドイツが嫌ったEcuの最も理想的な代替案として、それぞれの国で使われていた通貨に接頭語であるEuro-をつければいいということになったからである。

つまり、既存の通貨の名称を使うことで通貨としての連続性を示し、また新通貨に対する国民の信頼を固めようとしたのである。

●ユーロへの収束

1995年12月15日、マーストリヒトで開催されたEU首脳会議で、当時のフランス・シラク大統領は再度、力を発揮して強硬な態度に出た。

ファイナンシャルタイムズ(ドイツ版)に対して、次のような発言をしたのである。

「Ecuは契約で定められている。(ヘルムート・コール首相に対して)ヘルムート君、この名称を変えようと考えていることについて、私は全然理解できない」。

しかし、コール首相も頑固だった。コール首相の発言は以下のとおり。

「ドイツ国民にはEcu(エクー)は「クー」と聞こえる。「牛」という単語(die Kuhは女性名詞であり、「クー」と発音される）とあまりにも似ている。また、Ecu は１９９２～９３年の通貨危機以来、ドイツマルクに対して４０％もの価値を失った。だから Ecu について話をしたくない」。

この発言に対して、シラク大統領は国民投票の実施を提案して、再びコール首相を脅かした。コール首相は以下のように応戦した。

「国民投票、ふーん、うまくいくのか。ドイツ人が本当にほしがっているのはドイツマルクだ」（ドイツでは制度として国民投票はあまり使われていない）。

結果として Ecu 問題は焦点から遠ざかり、その後、イギリスのメジャー首相がいくつかの国で使われていた Florin（フローリン）という名称を提案した。しかし、賛成者が少なかったため、この名称も採用されなかった。そして、ようやく Euro にすることが決まったのである。ルクセンブルクのユンカー首相の発言は以下のとおりである。

「まあいいじゃない、あまりセクシーな名前じゃないけど」。

フランス出身のＥＵ議会のベルトューは、それを受け入れたくなかったため、ＥＵ委員会を相手どって、Euro から Ecu への逆戻りを求めた。

結局、ベルトューの挑戦は失敗に終わった。しかし、フランスにとって Ecu はそれほど国の歴史と文化、プライドをかけた通貨であった。同時にドイツにとって経済成長の象徴であるドイツマルクを失うことは国民にとって大きな出来事であった。

こうした苦難を乗り越えて、ようやくヨーロッパの共同体として発展するための共通通貨ユーロが導入され、ドルに対抗した重要な地位を築いていくことになったのである。

既に述べたように、ヨーロッパの共同体は、二度と戦争を繰り返さない発展を目指して構築されてきた。同時にアメリカ、ロシア、アジア圏などに対抗するために結束した組織とも言える。

現金通貨としてのユーロ発足からちょうど10年目に当たる2012年、深刻な危機を迎えるに到っている。そして、その打開策を再びドイツとフランスが担うことになっている。

貿易、資源、国境、通貨。

陸上の国境と通貨統一に関する問題を実感しにくい日本では、エネルギー問題についてもドイツ、フランスが常に直面してきた地政学的苦難を現実問題として理解することができない。

すなわち、背景も理解せずに「原発推進か脱原発かどちらに賛成ですか」という二元論における後者の手本としてドイツの脱原発を礼賛することは、あまりにも単純なのである。

6 各国におけるEUの受止め方と脱原発

前項では、ヨーロッパの国々がEUとして共同体をつくるまでの経緯を紹介してきた。次に2001年に発行された報告書「EUの認識並びに考え方と期待」[13]の主な内容について紹介したい。

EUとして結束した複数国が、共同体への変化をどう受け止めたのか、そのことと、脱原発は、どのような関係があるのかについて、参考になるからである。

○ 報告書「EUの認識並びに考え方と期待」の内容

本報告書は、フランスの調査会社が当時のEU加盟国15ヶ国（ベルギー、デンマーク、ドイツ、フィンランド、フランス、ギリシャ、アイルランド、イタリア、ルクセンブルク、オランダ、オーストリア、ポルトガル、スウェーデン、スペイン、イギリス）と、加盟候補国9ヶ国（エストニア、ラトヴィア、ポーランド、ルーマニア、スロヴァキア、スロヴェニア、チェコ、ハンガリー、キプロス）を対象に行ったアンケート調査の結果をまとめたものである。

本調査の目的は、各国においてEUがどのように認識されているか、また、各国民から何を期待されているかを明らかにするために実施されたものである。

特に注目される項目は以下のとおりである。

・EUへのイメージと各国の現状・背景

・EU統合の進め方の目的とそれへの理解：ヨーロッパという概念がどこまで、どのように受け入れられているのか。

・不安、抵抗とその原因：共同体形成への動きに対する具体的、潜在的期待

・共同政治に関する知識、理解、受け入れ方について

アンケート調査は、2001年後半にそれぞれの国の国民で構成されるグループでディスカッションしてもらい、その結果とまとめるという方法で行われた。

以下は、報告書の主な内容である。

●全体的に考えられること

全体的にはEU加盟国、および加盟候補国の国民は、自らの国の状況について悲観的な立場から将来を見ている傾向がある。その原因は以下の3つである。

①現在の社会と政治の変化のスピードが速くて、将来を予測することができないこと。これは、

特に技術面と経済面の発展について言える。特に新しいＩＴ産業や関連機器の登場、普及によって新しい生活様式に変化していくことが明らかである。

こうした変化に耐えられないと感じる国、あるいは国民もいて、急激に変化する経済の様々な現象を把握、理解することが難しいと感じられている。

増加するＭ＆Ａ（企業の合併や買収）や、大手企業が変身していくスピードが速いことも不安要素である。たとえば、これまでの知名度を利用して別の分野に進出する動きなどである。そのうえ、人間は最近、魔術師（筆者注：ゲーテの詩によるたとえ）のような活動をしている。たとえば、遺伝子の組換えや、動物に適切な餌を与えないことによって起こるＢＳＥ（狂牛病）などによって自然界にない食物連鎖をつくり始めていることである。

②絆の喪失　地域社会の絆がだんだん失われ、価値観が変化しつつある。象徴的なことは先進国でも発生する貧困層、共生や従来の価値観が失われつつあること、若者がバーチャルリアリティ（非現実）の次元で生活するようになっていることなどである。

犯罪、麻薬依存の増加など、社会の人間関係が崩れていくことに不安を感じている。制限のない移民者の増加も不安要素の一つである。

③自由市場経済の弊害　批判は様々だが、自由主義そのものに対する批判がある。たとえば、自由主義によって発生する公共事業の減少がある。特に教育と健康、交通の便益面でマイナ

ス面が目立ってきたこともある。富裕層と貧困層の格差の問題、金儲け主義もあげられる。以上の3つの主な懸念について指摘できることは、各国の経済状況が著しく良くなったことについては、あまり触れられていないことである。

筆者注：人間は新しい変化に対しては自らがどこまで対応できるかを考えるために、まず問題点を取り上げる傾向があるという意味。

例外として、南ヨーロッパの国々で、それまでの10~20年で、著しい豊かさを実感したという国がある。

ポルトガル、スペイン、アイルランド、ギリシャである。ギリシャで豊かさが実感できるようになったのは中流層および富裕層である。他の国では国全体として豊かさが実感されている。

筆者注：これは2001年時点の調査結果であり、10年度に現在のような危機を迎えることも予想されずに楽観的に感じられていた。

経済状況が良くなったと実感されているもう一方の国がフィンランドである。フィンランドでは過去と比べてかなり豊かになったと感じられている。この国では教育が充実しているため、チャンスを生かして社会システムの改善に成功した。

筆者注：北欧の国と地中海に面した国では考え方がかなり異なることがわかる。

オランダ、スウェーデンの国民は、それぞれ自国経済と社会は、しっかりとした地盤を持っているという自信を持っている。

調査対象のヨーロッパの国民のほとんどは消費者であり、彼らにはEUという枠組みがあまり理解されていない可能性もある。そのことがわかる例として、例外はあるものの、商品価格は上昇したと認識されていることがある。

実際には相対的に価格水準は下がっていることが理解されていない。

筆者注：給料も増えたため、購買力が上がり、相対的には価格水準は下がっているという意味。

●加盟候補国の結果

加盟候補国の結果は、加盟国とほとんど同じであるが、より意見の差が激しい。過去10年間（筆者注：共産圏崩壊後の90年代に入ってから）で、全体的な状態は悪くなった印象が強く、格差も拡大している。

公共事業も減少し、地域のネットワークも崩壊したと感じられている。政治家は素人そのものである。賄賂も増えて共産圏は崩壊状態である。こうした批判的な意見の要因は、西ヨーロッパの国々との差がなくなっていないためである。

悲観的は考え方に関しては、各加盟候補国に差がある。

既に2001年に高い開発状況に入っていたスロヴェニア、キプロス、チェコの場合、それまでの進歩は中流層と富裕層で認識されていたが、他の国、特にポーランド人とラトヴィア人には悲観的な意見が目立つ。

また、全く別の立場から様子を見ていたのがルーマニア人である。この国は完全に破綻状態でカオス状態であったにもかかわらず、「これから良くなる」と認識されている。

●「共同体ＥＵ」と聞いた時に連想できること

まず、ヨーロッパを地域的に定義できるのかという問題があるが、定義そのものは重要ではない。ヨーロッパが地域的な意味で使われるとすると、単に他のヨーロッパ地域との境界を指しているだけである。

たとえば、ヨーロッパ大陸に属している人もロシアは違うと認識している。全く自然の国境はなく、同じ大陸内にあるにもかかわらずである。

ロシアの西側はヨーロッパだが、ウラル山脈より東はヨーロッパではない。ウクライナとベラルーシはヨーロッパであり、トルコはヨーロッパではない。

ヨーロッパと聞いた時に、まず思い浮かぶのが歴史と文化である。ヨーロッパの属性とアイデンティティを考えると明確な境界がある。いわゆる「南」と「北」である。

ここで、「南」という意味は、おおよそ地理的に南部・中部・東部にある国々だが、それらの国民には歴史的に共同体イコール文化圏という印象が強い。

それぞれの国の歴史の原点、戦争、紛争の流れを見ると、国民の間の関係がだんだんと希薄なものになってしまったにもかかわらず、すべての国の国民はヨーロッパのモデル、唯一性、共通の文化基盤、または人間の基盤となる価値観を意識している。

このことはヨーロッパ国民を対象とした調査の特徴であり、アメリカの場合とは大きく異なる。特にアメリカ人へのメンタリティは、ヨーロッパのそれとは全く違う。

ある調査対象となったヨーロッパの国の結果からわかるように、認識されているアメリカ人とは、歴史のない物質主義、かつ価値のない民族の国という印象である。

しかし、これに関しては、国によって考え方が全く違うこともある。

たとえば、フランスでは、ドゴール大統領時代からアメリカに対して典型的な不信、疑念が抱かれてきた。

ドイツの場合は考え方が異なる。共産圏崩壊、およびドイツ統一後は、アメリカに対する依存性に変化が見られるようになった。自国への自信が強まり、アメリカを批判的に見る目が徐々に強まってきた。

ドイツがイラン戦争に参加しなかったのも、その一つの現れである。

ドイツが国として自信を持つようになり、アメリカに批判的になってきたのと同じように、スペイン、ギリシャでも同様の傾向が見られるようになってきた。

もう一つわかることは、ヨーロッパの国々の国民の共通性である。たとえ相手国について詳しく知らなくても、相手国に欠点があっても、考え方の違いがあっても、共通性があると感じられている。

この共通性と文化的関係は、特にロマンス語系民族（筆者注：フランス語、スペイン語、ルーマニア語などラテン語を起源とする言語）に強い。

また、ベルギーとルクセンブルクではヨーロッパへの帰属意識が強いが、ドイツでは同様の意識はそれほど強くない。

アイルランドは島国なので、アイルランド人は他の国の言語への知識が少ない。またヨーロッパから離れている。にもかかわらず、比較的オープンであり、好奇心が強い。ヨーロッパへのイメージにも肯定的である。

フィンランドは北欧の端であり距離的には離れているが、国民はとても好奇心が強く、ヨーロッパ側の他国とのコンタクトを強く望んでいる。

●報告書の結果から見た筆者らの印象

ユーロ危機を迎えた現在の時点で、2001年に発行された本報告書の内容を見ると、ドイツ人である筆者フォイヤヘアトと、日本人である筆者中野には、違った印象がある。

これは、ユーロ危機をより深刻な問題として捉えるドイツ人と、震災と原発事故を目の当たりにした日本人の違いかも知れない。

ドイツ人であるフォイヤへアトからは、南ヨーロッパの国々とフィンランドの国民の「欧州連合ＥＵ」への考え方の違いに気がついた。

南ヨーロッパの国々は転換を楽観的に捉えて、豊かさを享受できるようになったことを単純に喜んだようである。しかし、ＥＵ発足からわずか２０年で、南ヨーロッパの国ギリシャは、その財政破綻により現在のＥＵ圏、および世界の経済を危機に陥れる直接的な発端となった。

イタリアも同様である。

ユーロ危機に到る原因は、南ヨーロッパの国々の財政運営のみにあるのではない。共通通貨導入の問題、グローバルな金融市場へと流れた過剰資本が金融・不動産バブルを引き起こしたリーマン・ショック、あるいはもっと根本的なグローバリズムにあるのかも知れない。

ドイツ国内にも９２歳のシュミット旧西ドイツ首相の「ドイツの巨額の貿易黒字は欧州他国の赤字の裏返し。西側戦勝国や近隣国の支援なしに戦後の再建はなかった。その連帯にお返しをする義務があるのに、国際舞台での権威ばかり追求している」というドイツ現政権を批判する発言（２０１１年１２月４日）もある（フォイヤヘアトのコメント：ただし、シュミット旧西ドイツ首相は「超高齢者」としてドイツ人の間で現在のグローバルな動きをタイムリーに判断できていない人物と批判する声も聞こえる）。

同時に、現在、直面している深刻な問題に到るまでには、それぞれの国の持つ複雑な歴史的事情が遠因になっている。

しかし、共通通貨導入に伴う潜在的な問題に警戒することなく、ドイツ並みの低金利に安住して改革を怠り、豊かさを短絡的、楽観的に享受した国民の受け止め方は、今日の深刻な問題の引き金をひく一つの要因になっている。

日本の福島第一原発の事故直後、いちはやく脱原発を決めたドイツに対するイタリアの解釈もきわめて楽観的である。

イタリアは旧ソ連・チェルノブイリ原発事故後、既にあった原子炉を順次閉鎖した。このように脱原発への方向性を目指していたが、電力の１割強を輸入に頼る状況を変える必要があるとして、ベルルスコーニ政権が２００９年、原発再開を視野に入れて政策を転換した。

しかし、日本の事故を契機に、２０１１年６月、国民投票により圧倒的多数の支持を受けて脱原発を決めたことは記憶に新しい。ドイツに続くイタリアの決意は、当時の日本でも脱原発への大きな流れが生まれたかのように報道された。

一方、日本人である中野には、フィンランドが教育水準の高さを糧に、チャンスを生かして社会システムの改善に成功したことが印象に残る。

第２次世界大戦後、旧ソ連の勢力下に置かれてきたフィンランドは、旧ソ連の意向によりマーシャル・プラン（第二次世界大戦で被災した欧州諸国のために、アメリカが推進した復興援助計画）を受けられなかった。同様の理由で北大西洋条約機構にもＥＣにも加盟しなかった。

第２次大戦後の東西冷戦中には、自由民主体制を維持し、資本主義経済圏に属しながら、外交・国防の面では共産圏に近く、微妙な舵取りのもと独立と平和を維持してきた。ソ連崩壊後に西側陣営に接近したフィンランドは、１９９４年にはＥＵ加盟に合意し、２０００年にユーロを導入した。

こうした経緯を見ても、フィンランドはヨーロッパとロシア、資本主義圏と共産圏という境界で翻弄された国とも言える。しかし、東西の窓口という立場を逆に利用して経済を発展させ、現在では世界最高の生活水準を誇っている。経済面においても、地理的に高緯度にあるため農林業の生産性は低いが、ノキアで知られる携帯電話の生産など、ハイテク産業を基幹とした世界有数の工業先進国として発展を遂げてきた。

フィンランドを支えているのは世界最高水準といわれる教育レベルである。

国民投票という民主主義に則った印象の中でイタリアの決議が明らかにされる中、フィンランドでは多くのエネルギー供給をロシアに依存していることへの国策として、原発増設による自給率アップを決意した。

7 ドイツの再生可能エネルギーへの挑戦

ここでは、再生可能エネルギーについて、ドイツがどのように考えているのか、その一部を最近出された報告書などによって紹介する。

ドイツで太陽光発電導入量の成長を遂げた原動力となったのが、再生可能エネルギーを対象とした「固定価格買取り制度」(FIT：Feed-in Tariff)である。ドイツのこうした成功例もあって、日本ではこの制度への関心が高まっている。

ドイツでは日本での原子力発電所事故をきっかけに、脱原発に向けた議論が高まっているうえに、2011年3月末にはバーデン・ビュルテンベルク州議会選で、メルケル首相のキリスト教民主同盟(CDU)が、90年連合・緑の党に敗北したことが政治的には重要な出来事になっている。

９０年連合・緑の党は反原発を一貫して訴えてきた。同党のクレッチュマン氏が州首相に選出されたことは、エネルギー政策および産業界に大きな影響を与えることが予想されている。

同州が大手ダイムラー、ポルシェなどの本拠を構え、クレッチュマン氏が「今までのようには自動車はいらない」と発言したことが大きな関心を呼んでいるからである。

一方、ドイツ統計局、経済技術省、エネルギー経済と水経済連合会、石炭・褐炭業界、公益法人を意味する登録団体・エネルギー統計ワーキンググループがまとめた最近の信頼できるデータ[14]によれば、総電力量に占める再生可能エネルギーの割合は約１６・５％（２０１０年）である。太陽光発電導入量の割合は１・９％にすぎない。

固定価格買取制度については、成果もあったが問題点も指摘されている。

特に、２０１２年３月の段階で、個人向け太陽光パネル設置に対する補助金の２〜３割削減と買取りの対象を発電量の８割とする法案が審議されていることは、今後、日本にも影響を与えることが予想される。法案が出された理由は、国の経済的負担が重すぎるからである。

この決定により、ドイツの太陽光パネルメーカーは、補助金をあてにしない一般的な企業として、今後競争にさらされることになる。

○ドイツにおける固定価格買取り制度(FIT)

ドイツでは再生可能エネルギーの電力会社による買取り制度が、既に1991年から電力供給法として導入されていた。これは風力発電設備から発電された電気を電力会社に買い取ることを義務づけたものである(電力買取り補償制度)。

本格的な導入が進んだのは、2000年の再生可能エネルギー法(EEG：Erneuerbare Energien Gesetz)の制定以降である。同法で固定価格買取り制度を導入してからは、再生可能エネルギー利用拡大について世界の最先端を走ってきた。

買取り対象となる再生可能エネルギーは、太陽光、風力、地熱、バイオマス(2万キロワット以下)、埋立/下水ガス(5000キロワット以下)、水力(5000キロワット以下、15万キロワット以下の既設設備の増量分)、波力/潮力とされた。

この中でも太陽光の買取価格が圧倒的に高く(**表3・3**)[15]、しかも電力会社には固定価格による20年間の長期買取りが義務づけられた。

表3.3 主なエネルギー源別の買取り価格の例[15]
(2007年運転開始設備の場合)

エネルギー源	買取り価格(円換算)
太陽光	約75円/キロワットアワー(30～100キロワット)
陸上風力	約13円/キロワットアワー(1万キロワット)
バイオマス	約14円/キロワットアワー(5,000キロワット)

＊1　1ユーロ＝160円として換算。
＊2　買取り価格は、設備容量によって異なる。

固定価格による電力買取りが保証されたため、太陽光発電を設置する個人または企業にとっては、発電設備設置費用を何年で回収できるかを具体的に計算できるようになった。固定価格買取り制度が国民に短期間のうちに受け入れられたのは、設備設置費用を短期間に確実に回収できることを「見える化」したためである。

また、電力の買取り価格を毎年低下させる低減制にすることによって、より早く太陽光発電を設置した者ほど売電による高収入を得られる仕組みにした。

このことは、設置を促進する原動力になった。太陽光が他の再生可能エネルギーと比べて高く買い取られ、２０年という長期にわたって維持されることもあって、太陽光発電導入量の拡大という意味では成功した。

一方で、買取りに必要な費用は、電気料金に上乗せしてすべての電力消費者から電力の利用量に応じて徴収される。ドイツの場合（当初）、**表３・４**[15]に示すように世帯１ヶ月当りの固定価格買取りによる負担額は、３３８円程度（他の再生可能エネルギー分も含むと１世帯当り月約５００円程度の値上げに相当）であり、電気料金に対する負担割合は約３・７％（同５・

表 3.4　電気料金[15]

１世帯１ヶ月当りの電気代	9,060 円
１世帯１ヶ月当りの 新エネルギー等の負担	496 円（固定買取り 338 円）（コジェネ買取り 158 円）
負担割合	5.5％（固定買取り価格のみでは 3.7％）

5%)である。

ここで、注意しなければならないのは、**表3・3**、**3・4**で示されている金額が当時の為替相場で表示されていることである。1ユーロ＝160円換算となっているので、ドイツの太陽光発電買取り価格である約75円/キロワットアワーは、日本の2010年度(平成22年度)の買取り価格である48円/キロワットアワー買取り価格と比べてかなり高く受け取られる。

しかし、最近の1ユーロ＝100円で換算すると約47円/キロワットアワーとなる。こうした為

表3.5 ドイツの太陽光発電買取り価格
(建物に設置された設備によるもの)[16]

	買取り価格 (ユーロセント/キロワットアワー)			
	2010年1月	2010年7月	2010年10月	2011年
30キロワットまで	39.14	34.05	33.03	28.74
30～100キロワット	37.23	32.39	31.42	27.33
100～1,000キロワット	35.23	30.65	29.73	25.86
1,000キロワット	29.37	25.55	24.79	21.56
自家消費				
30キロワットまで	22.76	17.67	16.65	12.36
30%以上の自家消費割合	22.76	22.05	21.03	16.74
30～100キロワット	0.00	16.01	15.04	10.95
30%以上の自家消費割合	0.00	20.39	19.42	15.33
100～500キロワット	0.00	14.27	13.35	9.48
30%以上の自家消費割合	0.00	18.65	17.73	13.86

＊ 1ユーロセント＝1.15円(2011年5月末)

替相場の違いによって印象はかなり異なる。

同様に表３・４で示されている１世帯当りの負担額も、ユーロ圏の感覚からすると日本で与えている印象ほど高いものではないと思われる。

さらに、ＥＥＧの改正によって、表３・５[16]に示すように、買取り価格は半年、または数ヶ月ごとに見直され、徐々に下がってきているので、「高価格買取り、太陽光発電導入量の劇的な伸び」というのは少し大げさな表現と言える。

◯再生可能エネルギーに関する報告書（案）[17]

ドイツでは２０１１年５月３日に「再生可能エネルギーに関する報告書（案）」を公表している。これは、連邦政府が議会に提出する資料として、ドイツ環境省がまとめたものである。内容はドイツで再生可能エネルギーについて今後どう考えるかについてまとめたものである。

ここではこのうち、再生可能エネルギー源による発電について、これまでの開発の歴史と、これからの課題について述べた章の概要を紹介する。

ただし、わかりやすくするために、筆者らの判断で適切に見出しを設けていることを断っておく。また、理解しやすくするために筆者（フォイヤヘアト）のコメントを挿入している。

●ドイツの目標

連邦政府は2010年9月28日に包括的なエネルギー政策を決定することによって再生可能エネルギー時代の扉を開いた。この政策によれば、1990年と比べて、二酸化炭素排出量を2020年までに40％削減、2050年までに少なくとも80％まで削減するという目標が書かれている。

この数値は産業国が少なくとも削減すべき目標であり、それによってEUの目標とされるグローバルな気温上昇を最大2℃抑制することが見込まれている。

この目標を達成するためのエネルギー戦略として、発電分野において継続的に再生可能エネルギー利用を進めることを目指している。

それによれば、2020年までに総電力使用量において再生可能エネルギーによる発電の割合を35％にする必要がある。

連邦政府は2030年までに50％に高めることを目指しており、それを2040年に65％、最終的に2050年に80％とすることを目標としている。

2010年8月に連邦政府がEU委員会に提出した「再生可能エネルギー国家アクションプラン（NREAP）」によれば、2020年の割合は38・6％になると書かれている。

この目標を達成するために、ドイツでは従来どおり再生可能エネルギーの導入に積極的に取り組む必要がある。

日本で発生した原子力発電所事故によって、原発廃止に向かうための再生可能エネルギーの活用をより早く行うことが必要となった。そのために、これからも効率のよい補助制度を継続させる必要がある。

●再生可能エネルギー法(EEG)の特徴

再生可能エネルギー法（ＥＥＧ）は、２０００年に導入されてから目覚ましい成果をもたらした。

当時、総電力使用量に占める再生可能エネルギーの割合は６・４％にすぎなかった。２０１０年までに１６・８％（文献[14]の数値と若干異なるが、本報告書ではこの数値となっている）に上昇した。国際的に見て、このような増加率は例を見ない。

たとえば、ＯＥＣＤとしての再生可能エネルギーの割合はほとんど変化がなかった。ＥＵとしては増加率の伸びが見られるが、それもドイツの貢献によるところが大きい。

こうした成果に決定的な影響を及ぼしているのが、ＥＥＧにおいて以下の３つを義務づけたことである。

①送電網の所有者が、ＥＥＧ設備（個人の太陽光発電設備など）の送電網に接続する（場合によっては必要な送電網を新たに整備することも含む）。

筆者コメント：ドイツでは発電事業者と送電事業者は同一ではなく、別会社になってる。

②従来のエネルギー媒体と比べて、送電と配電において再生可能エネルギーによる電力を優先的に引き取る。
③再生可能エネルギーによる電力を20年間、設定された固定価格で買い取る。
この固定価格については、価格を決めてしまうのではなく、20年間のスパンから見て趣旨に合うように設定する。

こうした義務があったため、EEGによって特に陸上風力発電、ならびにバイオマス発電技術を促進することができた。しかし、近年は太陽光発電が最も高い増加率を示した。逆に洋上風力発電と地熱発電のための技術は期待どおりには進まなかった。

●新たな課題

再生可能エネルギーの導入とその普及によって、新たな課題も生まれている。従来のエネルギー供給システムでは、電力供給において再生可能エネルギーが高い割合を占めることに適していない。そのため、エネルギー政策の目標に応じて適切なエネルギー供給システムを開発する必要がある。

電力取引所での価格からもわかるように、従来の発電所の柔軟性を高め、効率よく生かすことができなかったため、風力発電および太陽光発電供給量の急激な変化には十分に対応することができなかった。

筆者コメント：日照時間や風力の変化による電力供給量の増減に対し、バランスよく価格を維持することができなかったという意味。

しかし、再生可能エネルギー分野が３０～４０％の市場割合を占める成長を目指している現在、重要な課題も明確になってきた。再生可能エネルギーそのものについて、今後、システムや安定性に関して工夫を要するということである。

数年先に従来の発電所を完全に廃止して、再生可能エネルギーによって生産されたエネルギーが電力使用量を上回る可能性もある。こうした場合に余剰電力はどうするのかという問題もある。

また、ＥＵ域内の市場において、ＥＥＧによる固定価格買取り制度によって増加する電力量を、それぞれの国における再生可能エネルギーに関する枠組みに応じて発展または改善する必要がある。

顕在化している課題は、特にシステム全体でより高い柔軟性を求めているということである。

筆者コメント：わかりにくい場合は、次項「**これからの課題**」を参照。

こうした背景のもとに、連邦政府はエネルギー市場と送電網と再生可能エネルギー供給を統合する方法の検討、および従来型の発電所をフレキシブルに利用する対策を考えている。

長期計画で目標となっている、エネルギーシステムにおいて、再生可能エネルギーによる電力供給を80％まで高めることを可能にするために、より深刻な決断が必要である。つまり、電力市場を根本的に改善し、従来のマーケットの構成を見直し、より再生可能エネルギーに基づく発電所、蓄電設備、柔軟性の高い従来型発電所の開発を刺激する必要がある。

筆者コメント：電力市場の改善とは、再生可能エネルギーに基づく発電、蓄電設備など、従来普及が進んでいなかった技術を促進した場合に、柔軟に対応できる市場を構築できるようにしていくこと。

●EEGの見直しへの6つの課題

この報告書は、2012年1月1日に予定されているEEGの見直しに向けた中間報告と位置づけられる。長期の課題もある程度、視野に入れて適切に切り替えていけるよう工夫している。

連邦政府はEEGの改善版として、以下の6つの課題に対応することを考えている。

①再生可能エネルギーの拡大をダイナミックに存続させる　連邦政府のエネルギー戦略に書かれている拡大目標は、EEGに最低目標として設定されている。これらの目標を達成するため、再生可能エネルギー技術をダイナミックに発展させる必要がある。期待されたほどダイナミックな発展が見られなかった分野には、力を注ぐ必要がある。特に洋上風力発電の分野である。

２０５０年には洋上風力発電による国内での発電割合を３５〜４０％にすることが期待されていたので、洋上風力発電は電力供給の最も重要な柱となる。

洋上風力発電の開発目標を達成できなかった場合には、エネルギー政策の目標を達成することは不可能になる。したがって、集中的かつ効率のよい枠組み条件の改善が必要となる。たとえば、洋上風力発電ファームの減価償却制度の見直しである。同様に、陸上風力発電についても、より早い発展が必要である。

しかし、この場合、ＥＥＧの固定価格買取り制度ではなく、主として州の計画権（筆者注：国立公園法や景観関連法などに関するもの）が問題となるため、さらに地熱発電など他の分野でも具体的な改善が必要である。

②ＥＥＧの定評の根本原理の継続　ＥＥＧは、エネルギー技術を対象とする投資家の安定的な投資先を保証している。それを可能にしているのは、再生可能エネルギーによる電力を送電網に接続し、優先的に、安定した価格で買い取る制度である。今後もそれを継続、拡大する必要がある。

筆者コメント：効果のあった基本原則を維持するという意味。ここで言っているのは、この法律によって、個人および事業者が太陽光発電設備に投資しやすくなったと同時に、蓄電技術や新たなパイロットプラント開発などに大手だけでなく中小企業も投資しやすくなり、金融機関もそれらの企業に融資しやすくなった効果を継続、拡大することを目指すということ。

③コスト効率を高める　当初の推定によると、EEGに基づく固定買取り価格は、2010年に120億ユーロを超えている。この法律による一般家庭と企業の経済的な負担を軽くするために、できるだけ効率のよい補助制度が必要となる。

これに関しては、近年、望ましくない結果となっている。

たとえば、2010年、電力分野において再生可能エネルギーへの投資額は約237億ユーロとなっており、その約8割が太陽光発電で占められている。

バイオマス分野では、買取り価格制度によって特に価格が高い小型発電所（買取り価格：30.67ユーロセント/キロワットアワー）が設立された。

全体的に見れば、2000年の平均的な再生可能エネルギーによる電力の買取価格は8.5ユーロセント/キロワットアワーであるが、2010年には15.5ユーロセント/キロワットアワーに上昇すると予想されている。

このような望ましくない上昇に対しては、何らかの対策を講じる必要があった。

連邦政府と連邦議会は、EEGの改訂版において既に太陽光発電への過剰な補助を見直した。

よりコスト効率の高い技術を促進するために、これからも過剰な補助が発生しないような対策を検討する必要がある。

④ＥＥＧの資金調達の基盤を固める　この法律の原則によれば、法律が原因となっている金銭的上昇分は、消費者の電力料金に転嫁することになっている。

しかし、例外もある。

電力使用が基本的に高い、国際協力を維持するための特別精算制度である。もうひとつの例はグリーン電力特権である。

グリーン電力特権は、電力を販売している企業に付与される。総電力使用において、再生可能エネルギーによる電力割合が５０％以上となる場合に、その特権を得ることができる。グリーン電力特権を持つ企業はＥＥＧによる負担はゼロとなる。

一方で、グリーン電力特権を持つ企業の負担がゼロになれば、その分を他の電力会社や消費者が負担することになる。たとえば、２０１１年のグリーン電力特権によって、特権を持っていない電力を使用する企業や一般家庭の負担は２０％アップとなっている。

したがって、特権に基づく例外を、国際協力を維持するために本当に必要な分野に限定する必要がある。

筆者コメント：国際協力を維持するために負担を減らす対象となる企業は、輸出産業など国際市場で活動する自動車、鉄鋼、化学など分野である。グリーン電力特権を持つ企業分の負担を輸出産業に負わせると、国際競争力を失うことになるので、例外として負担額を負わせないように適切な対策をとらなければならない。しかし、例外の対象となる企業を増やすと、それ以外の企業や家庭の負担をさらに増やすことになるので、より厳しく選択する必要があるという意味。

⑤マーケットシステムへの統合　電力供給において、再生可能エネルギーによる発電量が増加するとともに、従来型の発電所、蓄電施設、消費者との連携はより重要になる。したがって、連邦政府はエネルギー政策として消費量に応じた発電方法を求めている。

⑥簡素化と透明性　ＥＥＧに書かれている手続きは、必要以上に複雑になっている。特にバイオマスの場合、様々な買取り価格算出方法が紹介されており、透明性に欠ける。

また、場合によっては全く望ましくない結果をもたらしている。したがって、これから著しい簡素化が必要となる。他の分野でも補助金の方法を少なくし、買取り制度そのものの透明性を高める必要がある。

○ これからの課題

ＥＥＧは、再生可能エネルギーの利用促進に向けた国際的にも画期的な法律である。その考え方や内容、方法は膨大であり、ここでその内容すべてについてまとめることはできない。また、現段階までその成否について簡単に判断することはできない。さらに、福島原子力発電所で発生した事故のような背景の変化によっても、今後の方向性に影響を受けることもある。

前項で紹介した報告書（案）〔17〕の内容から考えても、ＥＥＧによってある程度の成果はあったことがわかる。しかし、固定価格買取り制度を中心としたシステム全体として見れば望ましくない方向に進んでいる面もある。

特に強調できるのは、「消費者が一定以上の割合で生産者になった場合に、生産されたものを誰が買い取り、誰が消費するのか」という問題である。

ドイツでも日本でも、個人あるいは事業者に太陽光発電を勧めている。自家消費以上に発電するようになると、これまでの「電力の消費者」は「電力の生産者」となる。そして、これまでの消費者は固定価格で買い取ってもらうことを期待して、より節電し生産者として販売量を増やそうと努力するようになる。

一方、これまでの電力会社の基本収入の安定性は、集中的かつ大規模な火力発電や原子力発電によって支えられてきた。個人あるいは事業者による分散的、小規模な発電が増加すると、これまでほどの販売量を確保できなくなり収入も減る。

大規模・集中型の発電を廃止するとともに、これまでの電力の消費者がどんどん自家発電し、買取りを求めるようになると、極端な場合、買い取る主体すら存在しないことになる。

たとえば、ドイツで目標としているような個人や事業者が発電する再生可能エネルギーによる電力が８０％を占め、それを固定価格で買い取る段階を迎えた場合、事実上、買い取る主体そのものが存在するのかという問題である。

もし、何らかの主体が買い取ったとしても、その負担は結局、電気料金となって国民が分担することになる。

電気料金が高くなって生産コストが増加すると、製品価格は上昇し消費者の生活を圧迫するとともに企業は国際競争力を失う。そうなると、国内の産業が衰退するか生産拠点を外国に移すことになる。

再生可能エネルギーの導入を経済面から考える時、ドイツの経験からわかることは、全体としてのバランスを考えることが何よりも重要ということである。

○ 再生可能エネルギー媒体が環境に与える影響

次に「再生可能エネルギーに関する報告書（案）」［17］から、再生可能エネルギー媒体が環境に与える影響について書かれた章の内容を紹介する。

他のエネルギー媒体と同じように、再生可能エネルギーの利用は自然環境に肯定的、否定的影響を与える。そういった理由から、再生可能エネルギーを利用する場合も環境への配慮が必要との目的でまとめられた章である。

●気候変動対策への影響　再生可能エネルギーを発電または発熱に利用する場合、他の化石資源を節約することによって温室効果ガスの排出量を削減することが可能である。

一方、再生可能エネルギーを利用することを決定した場合、再生可能エネルギー媒体を通した環境への影響も考えられる。発電設備そのものの建設に伴う資源の消費、運搬が環境に与える影響などである。

①再生可能エネルギー発電施設の建設、供用段階の温室効果ガスの発生について　発電の場合、再生可能エネルギー媒体の全ライフサイクルで発生する温室効果ガス排出量は、二酸化炭素換算で約１００グラム／キロワットアワー以下である。従来型の化石燃料発電所の排出量と比べてひと桁少ない。

固形バイオマス（たとえば、木材、ペレットなど）を発電所、または発熱所（地域暖房などに利用する施設を指している）で利用する場合、木材の栽培や収穫期の発生量は二酸化炭素換算で20~75グラム/キロワットアワーまでである。

再生可能資源からのバイオガスを通して発電または発熱を行う場合、全ライフサイクルで発生する温室効果ガスは二酸化炭素換算で20~200グラム/キロワットアワーである。

これらの数値は、エネルギー変換率の利用方法によって大きく変動する。

家畜ふん尿を使ってバイオガスに変換する場合はこれ以上の効果がある。なぜなら、ふん尿を貯留する時にメタンガスが発生するからである。貯留することなくバイオガスとして使うことができれば、貯留期間に発生するメタンガスを削減することができる。

地熱の利用では、結果は計算方法によって違ってくる。ポンプ稼動のための電力を除外して発生する温室効果ガスのみを計算すると、二酸化炭素換算で100グラム/キロワットアワー以下である。しかしながら、現在のドイツの電源構成でポンプを稼動させることを考えると、二酸化炭素換算で300グラム/キロワットアワー以上となる。

したがって、ポンプ稼動のためには太陽光、風力など再生可能エネルギーによる電力を使った方がよい。

②電力使用段階の二酸化炭素削減量　表3・6に電力使用段階の二酸化炭素削減量を示した。

表3.6　電力使用段階の二酸化炭素削減量[17]

再生可能分野（EEG 法による）	再生可能エネルギー量（2009 年）（GWh）	温室効果ガス発生回避係数（$t\text{-}CO_2$/GWh）	再生可能エネルギー媒体よる発電によって回避された温室効果ガス量（2009 年）（百万 $t\text{-}CO_2$）	温室効果ガス削減割合（%）
水力発電	4,877	866.1	4.2	6
埋立地、下水処理場、鉱山ガス	2,020	746.1	1.5	2
植物由来固形燃料	10,214	832.7	8.5	12
液体バイオマス（家畜ふん尿など）	2,009	600.2	1.2	2
バイオガス	10,757	563.3	6.1	8
地熱	19	559.8	0.01	0.01
風力	38,580	775.8	29.9	42
太陽光	6,578	584.6	3.8	5
小計（買取り分）	75,054		55.3	77
非買取り分	19,546		16.7	23
合計	94,600		72.0	100

２００９年にＥＥＧ（再生可能エネルギー法）に基づいて買い取られた電力は、約７５テラワットアワー／年である。それによって回避された温室効果ガスは、二酸化炭素換算で約５５００万トン／年である。

回避された温室効果ガス量のうち、ＥＥＧによって買取りの対象となった電力の約５４％は風力発電によるものである。次に多いのは植物由来固形バイオマス発電であり約15％である。バイオガス発電によるものは約11％である。太陽光によるものは約7％にすぎない。

●環境、生態系と地形への影響

再生可能エネルギーの技術を生かすために、生態系と地形に影響を及ぼすこともある。

これらは設備の建設および供用によって発生する。バイオマスを利用する場合は、燃料となる植物栽培と収穫、処理方法にもよる。それぞれの技術には特徴があるので、分野別に議論する。

①水力発電　水力発電設備を建設、供用する場合、河川の流れおよび水の流れのバランスが影響する。たとえば、雨水の森林の腐葉土による保水効果、植物の根による水分の吸収によって水の流れが変化する。

これらの影響を時期的なことも含めて考えて、幅広く考慮する必要がある。回遊魚の種類も考慮する必要がある。それらを評価するために既に法律があるので、それに従う必要がある。

水力発電には、自然の河川流量で水車を回転させて発電する方法と、ダムで水を堰き止めて人工湖をつくり、その落差を利用して発電するものがある。前者では、自然環境の1年間の変化を見て計画を実施した方が、結果として改善が期待される場合には建設が許可される。典型的な改善例としては、もともと魚の遡上が見られなかったような所に発電所を建設したために、遡上しやすくなった場合などがある。

つまり、建設によってドイツ語で言う「良い生態系状態」が、従来より確保されることを証明する必要がある。

生態系への悪影響として考えられるのは、生態系そのものに対して配慮したとしても、供用段階で発生する問題がある。たとえば、水力発電を実施する際の水の制御に関するものである。

日本を例にとって説明すると、水力発電に必要とされる水量と、水田に必要な水量のバランスの問題があるということである。

したがって、水の制御に関する計画、コントロールについては川上、川下の話合いによって、連携した計画を立てる必要がある。水力発電による悪影響を避けるために太陽光発電で電力を補うことも検討する必要がある。

水力発電にはこういった特殊な事情があるため、これまでのＥＥＧでは水力発電は買取りの対象から除外されていた。しかし、今後、水力発電を計画する場合には買取りの対象となる可能性はある。

②埋立地、下水処理場と鉱山から発生するバイオガス　これらの3つからのバイオガスは、設備の規模(高さ、面積)が限られるので、発電を実施することによる生態系と地形への新たな影響は少ないと考えられる。

③バイオマス発電　バイオマスをバイオガスに変換して発電を行う場合、自然保護への影響を考える必要がある。

たとえば、エネルギー媒体としての利用が急増したトウモロコシのような場合である。EEG(2009年版)によって、畜産業が集中的に行われている地域において、バイオガス発電設備が急増した。地域の周辺では、発生するふん尿をエネルギーに変換している。

こうしたケースでは2つの現象が起こっている。一つはバイオガス生産のためのトウモロコシを栽培するもの、もう一つは飼料として栽培したトウモロコシを食べた家畜のふん尿からバイオガスを生産するものである。

これらの地域では家畜の飼料としてのみでなく、バイオガス発電所の燃料としてトウモロコシが使われているため、両方の目的のためのトウモロコシ畑の割合はかなり高くなっている。場合によっては畑全体の面積の50％以上がトウモロコシ栽培に向けられている。

それぞれの地域で補助金を受けている幅広いトウモロコシの栽培は、肥料の使用が地下水質に悪影響を与えている可能性がある。

また、畑の侵食と生物多様性への悪影響が考えられる。栽培割合が小さい地域でも似たような環境と自然界への影響が現れる可能性がある。

しかしながら、ドイツ全体において、トウモロコシはそれほど大きな影響を与えていない。２０１０年のバイオガス発電用に使われているトウモロコシのようなエネルギー植物の栽培面積は約６５万ヘクタールであり、そのうち、５３万ヘクタールはトウモロコシ畑である。しかし、その面積はトウモロコシ総栽培面積の約１／４程度である。

農業用の総耕地面積において、エネルギー媒体用に使われているトウモロコシ栽培面積の割合は約４.５％である。

ふん尿はバイオガス製造の伝統的な原料であり、環境面でも優先すべきである。発酵工程によってふん尿の価値が上がり、植物も栄養分を吸収しやすくなる。

ふん尿の利用を促進するため、ＥＥＧでは補助金制度が導入された。しかしながら、予想外に目標を達成することができなかった。

ＥＥＧが設定した枠組みでは、ふん尿の使用割合は３０％までである。この制限によって、場合によっては、利用者は従来のふん尿の利用をこの３０％まで下げる必要があった。つまり、補助金制度は、ふん尿に替わって他のエネルギー植物の利用を促進したことになる。したがって、このふん尿に対する補助金制度を維持することは望ましくない。

EEG（2012年版）では、バイオマスを対象とした補助によって自然環境、土壌環境保護、または地下水質を保護するために、ふん尿のバイオガスへの利用率を高めることを提案している。

つまり、肥料目的にふん尿を利用することが多くなると、水域で富栄養化が進む可能性がある。それによって地下水汚染が起こると、水道水源として地下水を多く利用しているドイツでは飲料水に影響を及ぼすことになる。そのため、ふん尿をバイオガスに使われるように方向づけた方が望ましいという考えによるものである。

しかしながら、発酵工程の残渣に入っている物質は栄養分が高くて、特定の時期と範囲にしか使えない。残渣の利用に関しては、環境と生態系への影響を考える必要がある。

エネルギー植物の栽培に関しては、ドイツだけではなくグローバルな規模でも、耕作用の土地利用の競争が激しくなる。その結果、環境面または生態系の保護の面で重要な土地の利用に変換が起こり、最終的に環境への悪影響を起こすことになりかねない。

このような直接的な土地利用の変化以外に、エネルギー植物の栽培は、耕作地に間接的な変化を起こすことがある。これは従来の耕作地で栽培されるエネルギー植物の相対的な割合が増え、従来の食料用、または飼料用の生産量が減った場合に起こる。

木材をエネルギー源として栽培する場合に起こりやすい持続性への影響では次のような影

響が考えられる。持続性が無視された場合に、森林の土地の品質に悪影響を及ぼす場合である。

たとえば、倒木が放置されても、バランスがとれた状態であれば倒木が次の世代の栄養分となる。しかし、持続性を無視し、より効率的な森林利用を目指して倒木を取り除いた場合、見た目は手入れの行き届いた庭園のようになるが、維持管理を続けて行わなければ森林は持続的でなくなる。

途上国からＥＵにエネルギー媒体として木材を輸入することを考えれば、木材の産出国である途上国に悪影響を及ぼすことになる。輸入制限が行われていない現在では、途上国は持続性に配慮することなく木材をどんどん輸出することになる。

この問題を把握し、適切に対策を実施することを目的として枠組みをつくった。さらに、連邦政府はＥＵでもバイオエネルギーすべてに対して、持続性をより重視することを求めている。

④地熱発電　地熱を利用するために深い所まで掘削すると、様々な掘削物をどこかに蓄積する必要がある。場合によっては悪影響のあるものを掘り出し、それらを蓄積することもある。

掘削工事による環境への影響は既に「鉱業法」で把握され、従来の石油や天然ガス産業の経験による技術を生かすことができる。

たとえば、砂の堆積層のような場合は、既にある経験や技術を生かすことができる。しかしながら、張力と応力のバランスがとれた状態で安定して存在する固い岩盤のような所に、掘削によって別の刺激的な力が加わるような場合には、どこまで不安定な状態が進んでいるかがわからない。これに関しては研究の余地がある。

地熱を利用するための施設そのものは従来の技術で対応することができる。熱利用のために地下深い所で起きている熱の変化については現在のところ環境への影響は考えにくい。しかし、熱や水の流れについては長期間を通して調査する必要がある。さらに、場合によっては小規模な地震が起こる可能性もある。地震による被害は予想しにくいが、リスク調査が進められている。

また、場合によっては積層の中にある放射性物質が濃縮されている可能性もある。こうした物質が掘り出された場合には管理作業員、周辺住民に悪影響を与えることも考えられる。したがって、適切な予防対策を考える必要がある。これに関しては石油、天然ガス産業において、ドイツの「放射線防護措置法」に具体的な対策が書かれている。

地熱利用においてもこの法律を適用すればよい。地熱に関する法律はまだ作成中である。

⑤陸上風力発電　風力発電設備は過去20年間で北ドイツと東ドイツの景観を変えた。これから発展する新しい風力発電によって、より広大な面積を風力発電所が利用することになる。

こうした施設建設による変化が起こり続けている。

環境保護に関して、風力発電による主な影響は、鳥類とこうもりのバードストライクと景観の変化である。バードストライクによって被害を受けているのは、ほとんどの場合、昼間行動する鳥の種類、風力発電所の近辺で餌を探している猛禽類である。

特にバードストライクの対象となって問題になっているのは、レッドリストに掲載されているオジロワシなどである。

調査によれば、こうもりも著しく風力発電所に衝突している。被害を受けているのは特別な種類の決まった種類のものである。こうもりの飛行活動は風力が強くなればなるほど少なくなる。したがって、「こうもり配慮型」の風力発電所の運営が決め手となる。

言い換えれば、事故の発生率の高い時期は風力発電の運転を止めた方がよい。この問題は、設備を新設する場合に調整され、場合によっては運営事業者の運営条件を決めることになる。

⑥洋上風力発電　洋上風力発電による影響を調べる場合、焦点となっているのは渡り鳥と、ある地域で休憩をとる季節移動する鳥類、ならびにクジラの一種である。

ドイツの最初の洋上風力発電ファーム alpha ventus をモニタリングした場合、建設活動による鳥類への影響は局地的であったことがわかる。

他の影響として、限られた時間に海底深い場所に杭を打つ必要がある場合に、杭打ち音がある種のクジラに著しい影響を与えたことがある。

しかしながら、デンマークの風力発電所である Nysted と Horens Rev における調査の結果、風力発電所の運営による渡り鳥への影響は少なかった。しかしながら、大きな海鳥類と、ある種類の水鳥はその地域での活動を避けていることがわかる。

現在では保護地域の指定によって洋上風力発電の利用における被害を少なくするため、適切な法令が既に施行されている。動物種の保護に関しては、まだ解明する余地がある。環境への影響を少なくするための重要な技術的対策は、杭を打ち込む時の騒音の低減および照明に関するものである。

騒音の低減については既に対応策があるが、開発の余地もある。

北海とバルト海には人間活動由来の光源（発光体）がほとんどない。洋上風力発電は航海、飛行の障害物となるため、照明を設置する必要がある。夜間は鳥類がこのような光源に誘因されることがある。これは沖合の油田掘削装置（人工島）の経験でもわかっている。

しかし、これまでの研究結果でわかる範囲では、照明による鳥類への影響を最低限に抑えることは可能である。特に光の波長は重要である。なぜなら、鳥類は青い色よりも赤い色または白い色に反応するからである。

⑦太陽光発電　建物に設置される太陽光パネルによる環境への影響はほとんど発生しない。

しかしながら、太陽光発電畑（大規模なソーラー発電ファーム）の場合、自然と地形、動物種およびバイオトープへの影響は様々である。

環境保護対策の目標との関係で、特に不適切な場所の選択として問題となるのは、広大な面積または地面を覆ってしまうような時に起こる。このような面で適切に配慮していない建設計画を実施した場合、渡り鳥の餌をとる場所、または休憩場所、ならびに生息地やバイオトープに影響を与えることが考えられる。

広大な面積が失われた結果、それらに適した場所が細分化または分散化されるからである。つまり、生態系のバランスがとれているバイオトープの一部が切断されると、バイオトープそのものに影響がある。たとえば、夜行性でかなり長距離移動する動物の場合、慣れた場所を容易に移動することができなくなる可能性がある。

こうしたことを防ぐために、計画、設計段階で配慮しておく必要がある。

また、太陽光発電パネルには半導体が使われている。ＣｄＴｅ（カドミウムテルル）薄膜太陽電池の場合、カドミウムが地面に浸透する可能性もあるので、それへの対策を考える必要がある。

筆者注：ＣｄＴｅ薄膜太陽電池は光の変換効率が高いため、日射があまり強くないドイツでは使われているが、有害性の観点から日本国内では量産、販売は進んでいない。

○ 今後の課題

ドイツで2011年5月3日に公表された「再生可能エネルギーに関する報告書(案)」[17]の一部を紹介した。

本報告書(案)は、日本で起こった地震と津波、それに伴って起こった原子力発電所の事故を契機として最新の情報を収集し、これからどうすればよいか、社会で広がる不安に対してどのようなことが可能であるかについて、ある程度方向性を示した内容であると解釈できる。

この中には経済性について述べた章も含まれており、固定価格買取り制度を世界で初めて導入した国として、新しい時代への方向性を示す内容となっている。

しかし、問題なのは、本報告書でも技術と経済が別の章立てになっていることからもわかるように、新しい技術と経済が相互に関連づけて考えられていないことである。

技術分野ではエネルギー消費や環境負荷、自然への影響を含めて技術レベルにおける新旧の比較が行われ、経済分野では利潤のみの面から比較が行われている。

現実には、エネルギー消費につながる物質の流れと、経済の動きは同時に起きるにもかかわらず、こうした検討ではそれらが起こる次元が一致していない。

こうしたことからも、ドイツの新しい試みは、全体としてどうバランスをとっていくのかへの挑戦でもあると言える。

8 まとめ

verfreundet。これは、旧東ドイツ圏内にあるライプツィヒで、オーストリアを紹介する展示会が開催された時に用いられた用語である。

verfreundet は befreundet（親しい、仲の良い）と verfeindet（敵対する、仲違いする）の合成語である。同じドイツ語圏であり、文化的背景として多くの共通点はあるが、半分は友達であり半分敵である、という微妙な関係を表している。両国の関係は、シレジヤ戦争（1740～63年）の時に、プロイセンがオーストリアに3回も出征したことに起因している。

こうしたことからもわかるように、ドイツとオーストリアが一つの地域として感情共有体という意識を持っているのかというと、必ずしもそうではない。ドイツとオーストリアはドイツ語を母語とし、同じ民族という共通基盤を持っているにもかかわらず、である。

ＥＵの原点であるＥＥＣ条約の公用語は英語とフランス語になったが、最も多くのＥＵ国民によって母語として話された言語はドイツ語である。ドイツ語圏という意味ではスイス、ルクセンブルクも文化的共通基盤上にある。

そのため、ドイツ語圏にＥＵ法案が導入される場合には、ＥＵ加盟国でないスイスを除いて、共通の言語、文化的背景を持つ圏域として2～3ヶ国が共同で反対する傾向が見られる。

つまり、ＥＵという超国家を構成する国々が、必ずしも「友愛」関係にあるのではない。

しかし、共通の目的、たとえば、アメリカ、ロシア、アジアなどといった他の圏域に対抗する際には、ＥＵという共同体としてまとまることができる。

エネルギー問題についても同様である。

ドイツは脱原発を目指し、隣国であるフランスは原発大国。それ以外のＥＵ構成国も、それぞれのエネルギー政策を掲げている。しかし、ＥＵ全体としては、エネルギー供給の不安定性を相互に補完し合い、再生可能エネルギーの供給不安定性のリスクを回避できるようにしている。

「良質な電力の安定的供給」が先進工業国にとって必要不可欠であることは、世界の共通認識である。

倫理委員会の委員長を務めたテップファーの、「原子力技術を応用する先進国の中で、ドイツは原子力技術には将来性がないという各政党にわたるコンセンサスが存在する唯一の国」という発言。

それがなぜ可能なのか、その理由を考える必要がある。

日本では、世界経済危機としてユーロ危機問題を毎日のように取り上げながら、つまり、経済共同体ＥＵとして共通通貨導入によって起こっている問題に十分気づきながら、エネルギー政策についてはＥＵレベルで考える視点を持っていない。

そして、日本では、原発の存続をめぐって国内問題の議論に終始している。

日本がＥＵから切り離したドイツだけを脱原発政策を手本とするなら、ＥＵ以外の国、たとえば、アメリカ、ロシア、中国などが選択しているエネルギー政策が、経済のみでなく、安全保障面でどのような影響をもたらすか、そのことについても十分に考える必要がある。

引用・参考文献

[1] News Release(経済産業省)「イタリアとの原子力協力文書への署名について」: http://www.meti.go.jp/press/20090525001/20090525001.pdf(2009.5.25)

[2] Deutschlands Energiewende – Ein Gemeinschaftswerk fuer die Zukunft, Ethik-Kommission Sichere Energieversorgung, Berlin (2011.5.30)

[3] Professoren stellen Eilantrag gegen Notkredite vor Verfassungsgericht, http://www.focus.de/politik/weitere-meldungen/finanzhilfe-fuer-griechenland-professoren-stellen-eilantrag-gegen-notkredite-vor-verfassungsgericht-_aid_505907.html (2011.5.7)

[4] Euro-Rettung vor Gericht – Karlsruhe verhandelt ueber deutsche Hilfspakete fuer Griechenland, http://www.dradio.de/dlf/sendungen/hintergrundpolitik/1496807/ (2011.7.4)

[5] Politiker und Professoren klagen gegen Griechen-Hilfe, http://diepresse.com/home/politik/eu/675211/Politiker-und-Professoren-klagen-gegen-GriechenHilfe (2011. 7 .5)

[6] S. Wagenknecht: „Wahnsinn mit Methode – Finanzcrash und Weltwirtschaft", Verlag Das Neue Berlin (2009) ISBN978-3-360-01956-1

[7] S. Wagenknecht: „Freiheit statt Kapitalismus", Verlag Eichborn (2011) ISBN978-3-821-86546-1

[8] Scharfe Kritik an Merkels Ausstiegsplan http://www.manager-magazin.de/unternehmen/energie/0,2828,766064,00.html

[9] Isolierter Atomausstieg: Europa nimmt den deutschen Alleingang auseinander http://www.manager-magazin.de/fotostrecke/fotostrecke-68720.html

[10] P. Katzenberger, K. Haimerl: "Politik braucht Kraft zum Umfallen", http://www.sueddeutsche.de/politik/ex-umweltminister-klaus-toepfer-die-kernenergie-hat-keine-zukunft-1.1075786

[11] Huber, P.: '"Aehnelt zu stark Kuh": Warum der Euro nicht Ecu heisst', http://diepresse.com/home/wirtschaft/hobbyoekonom/626865/Aehnelt-zu-stark-Kuh_Warum-der-Euro-nicht-Ecu-heisst

[12] Stötzel, G. and Wengeler, M.: "Kontroverse Begriffe", 1995(絶版)〔文献 11)によって引用〕

[13] Optem: "Wahrnehmung der Europaeischen Union – Einstellungen und Erwartungen", Qualitative Untersuchung ueber die oeffentliche Meinung in

den 15 Mitgliedsstaaten und 9 Kandidatenlaendern, Europaeische Kommission, Juni 2001, http://www.europa.eu.int/futurum

[14]　AG Energiebilanzen: "Bruttostromerzeugung nach Energietraegern von 1990 bis 2010 (in TWh) Deutschland insgesamt", http://www.ag-energiebilanzen.de/viewpage.php?idpage=65

[15]　太陽光発電の現状と今後の政策の方向性、経済産業省(2008.7.24)

[16]　Bundesministerium fuer Umwelt und Reaktorsicherheit (BMU): "Verguetungssaetze und Degressionsbeispiele nach dem neuen Erneuerbare-Energien-Gesetz (EEG) vom 31. Oktober 2008 mit Aenderungen vom 11. August 2010", http://www.bmu.de/erneuerbare_energien/downloads/doc/print/40508.php

[17]　(Entwurf) Erfahrungsbericht 2011 zum Erneuerbare-Energien-Gesetz (EEG Erfahrungsbericht), Bundesminsiterium fuer Umwelt, Naturschutz und Reaktorsicherheit (BMU), Berlin (2011.5.3)

おわりに

脱原発に向かうドイツ。原発推進に向かうフィンランド。今後、両国がどのような問題に遭遇するのかは、筆者らにもわかりません。しかし、それぞれの国の選択が賢明だということは言えます。国の位置づけを地政学的、歴史的によく考えて、将来を見通しているからです。

ドイツは再生可能エネルギー関連の産業で世界最先端を目指し、そのことによって自国とEUの持続可能性に挑戦し続けようとしています。

フィンランドは、まさに原発に国の命運をかけることになるでしょう。

そしてイタリア。この国は、ドイツの脱原発宣言後、冷静に考える時間も情報も十分でないまま、熱に浮かされたように国民投票によって脱原発を決めてしまいました。この判断は正しかったのでしょうか。もし、失敗だったとしても、この国はドイツやフランスから電力を輸入するという手段が残されています。

ドイツと日本。国民の勤勉性を糧に、敗戦後の急激な経済成長によって世界の先進国の地位を獲得してきた両国には数多くの共通点があります。そういった経緯からも「ドイツでできることがなぜ日本でできないのか」という潜在的意識があります。

そのうえ、情報も製品も国境を越えてグローバルに移動する時代を迎えているわけですから、私たちは自国がどのような条件にあるのかをつい忘れがちです。

しかし、日本はイタリアのように楽観的に構えているわけにはいかない、判断を誤っては国の持続可能性に関わる、ということをはっきりと認識しなければなりません。電力という形で助けてくれる国がないからです。

多くの人が、エネルギー供給が不安定な状態が続けば、産業や暮らしに影響を与えることぐらいは十分知っています。同様に、少しぐらい景気が低迷しても、少しぐらい企業が海外移転しても、暮らしそのものが少しぐらい質素になってもがまんできると思っています。

しかし、場合によっては国の文化、歴史をも失ってしまうかもしれない問題であることに気づいている人は少ないのではないでしょうか。

今後、日本でも再生可能エネルギー技術の開発、普及に向けて全力で取り組まなければなりません。一方で国の条件を認識する、この当たり前のステップが日本では完全に欠けているのです。

そのことを確認したうえで「この国」の脱原発を考えてほしい、これが筆者らの願いなのです。

K・H・フォイヤヘアト
中野加都子

5冊目を終えるに当たって

本書は月刊誌『生活と環境』[(財)日本環境衛生センター]に、平成23年4月号から24年3月号まで掲載した連載に加筆、または部分的に削除してまとめたものです。

筆者らは2000年度以来、12年間にわたり「日本とドイツの比較プロジェクト」に取り組んできました。その成果は既に4冊の共著書としてまとめています。

第3冊目において、筆者らは、ドイツでは州ごとの地域特性に適合した環境政策を積み重ねることによって国全体としての環境負荷削減に向かっていることを述べてきました。

本書でまとめた結果を見ますと、エネルギー政策については、EUという超国家的枠組みの中で、それぞれの国としては独特の方法を選択しながら、全体としては相互融通による補完が可能な仕組みになっていることがわかります。

つまり、国、EUという二重のシステムにおいて、それぞれのレベルで地域特性を生かすことによって合理的整合性を図る仕組みになっているように見えるのです。そのデメリットとして顕在化しているのが、ユーロ危機でもあると考えられます。

こうしたEUという共同体の中核国であるドイツで可能なことを、共同体組織を持たない日本でもできると考えることは、別の意味で大きなリスクを伴うということを考えておかなければなりません。

再生可能エネルギー利用への方向性は重要であるとしても、こうした条件の違いに配慮して、短期・中期・長期の目標を考えることこそが最重要課題とも言えるのです。

フォイヤへアト教授のコメントにもありますように、筆者らにとって本書の出版は予定外のことでした。また、震災以来の連載および本書は、日本人の視点からまとめた結果となっています。

こうした事情があったにもかかわらず、日本が抱えている緊急性の高い問題にご理解いただき、ドイツの考え方や情報を根気強く、冷静に理解できるように説明して下さったフォイヤヘアト教授の最大限のご配慮に、心より感謝申し上げます。

また、本年に入ってからの突然の問い合わせにもかかわらず、技報堂出版の小巻部長様には、すばやくご対応いただきました。これまでの4冊とともに、最後となる本書を加えて、共同プロジェクトの成果をまとめることにお力添えをいただきましたことに、筆者ら両名から厚くお礼申し上げます。

2012年3月

中野加都子

著者プロフィール

Karl-Heinz Feuerherd（カールハインツ・フォイヤヘアト）
1947年、ドイツ連邦共和国生まれ。ハノーファー工科大学大学院理学研究科化学専攻博士課程修了。理学博士。1977年卒業後、化学会社BASFを経て、2000年神戸山手大学教授として着任。2008年に退職後、2012年3月まで客員教授。専門はLCA、計量環境技術経済学。平成14年度「環境管理」優秀論文賞［（社）産業環境管理協会］など受賞。現在、技術アドバイザーとして日本の企業で技術指導にあたっている。
個人のHP　http://www.ecodynamicsexpert.com/

中野加都子（なかの かづこ）
1953年生まれ。大阪市立大学生活科学部卒業後、関西大学工業技術研究所研究員を経て1997年博士（工学）（東京大学）。現在、神戸山手大学現代社会学部環境文化学科教授。専門は環境計画、LCA、リサイクル。「21世紀地球賞」（日本経済新聞社等）、平成9年度廃棄物学会「論文賞」、第3回リサイクル技術開発本多賞［（財）グリーン・ジャパン・センター］、「環境管理」平成10、14年度優秀論文賞［（社）産業環境管理協会］など受賞。

共著書として、『環境にやさしいのはだれ？―日本とドイツの比較―』、『企業戦略と環境コミュニケーション―ドイツ企業の成功と失敗―』、『先進国の環境ミッション―日本とドイツの使命―』（著作賞受賞）、『環境にやさしい国づくりとは？―日本そしてドイツ―』（いずれも技報堂出版）

この国にとっての脱原発とは？
—日本そしてドイツ—
定価はカバーに表示してあります。
2012年6月1日　1版1刷発行
ISBN 978-4-7655-3456-7　C0030
著　者　Karl-Heinz Feuerherd
中野加都子
発行者　長　滋彦
発行所　技報堂出版株式会社
〒101-0051　東京都千代田区神田神保町1-2-5
電　話　営　業（03）（5217）0885
編　集（03）（5217）0881
F A X　（03）（5217）0886
振替口座　00140-4-10
http://gihodobooks.jp/
日本書籍出版協会会員
自然科学書協会会員
工学書協会会員
土木・建築書協会会員
Printed in Japan

装幀　ジンキッズ　印刷・製本　昭和情報プロセス